岩畔機関の機関長、岩畔豪雄大佐

インド国民軍を率いたチャンドラ・ボース

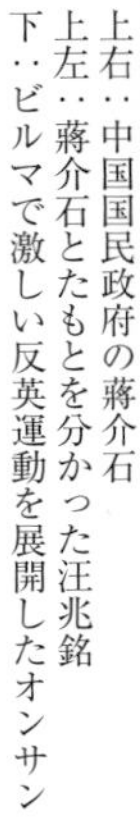

上右：中国国民政府の蔣介石
上左：蔣介石とたもとを分かった汪兆銘
下：ビルマで激しい反英運動を展開したオンサン

NF文庫
ノンフィクション

新装版

日本の謀略

なぜ日本は情報戦に弱いのか

楳本捨三

潮書房光人新社

本書では日本の行なった、かずかずの機密戦について描いています。

日露戦争におけるロシアの後方撹乱、日中戦争での蔣介石勢力の内部紛争工作、スパイのメッカと言われた陸軍中野学校などを取り上げ、その様相に迫ります。

実戦に至る前に勝利を収めるべく、情報戦を苦手とした日本軍は戦場においてどのように秘密の戦いを実行したのか、その実態を綴った異色作です。

日露開戦前から欧州をかけまわった明石元二郎大佐。謀略諜報の大任を果たし、レーニンと結んで後方撹乱の実をあげ、その効果は二十個師団の戦力にも勝ると評された。下写真は太平洋戦争開戦一周年に際し、来日した国民政府主席汪精衛を出迎える東条英機首相。

対伯工作で洞窟家屋内の秘密会見にのぞんだ国民政府の軍首脳閻錫山(左)と第一軍司令官岩松義雄中将。背後は青天白日旗と日の丸の旗。

昭和17年5月、閻錫山との会見場所となった平安村に向かう岩松軍司令官一行。左より笹井中佐、花谷参謀長、岩松軍司令官、茂川中佐。

インド国民軍婦人部隊。日本のインド独立援助工作はＦ機関から岩畔機関、光機関へと引きつがれ、国民軍は日本軍と共に英軍と戦った。

ドイツから潜水艦でアジアにもどってきたインド独立運動の闘士チャンドラ・ボース。写真は東条首相と会見後、記者たちへの声明発表。

インド国民軍の戦力向上に情熱を傾けた小川三郎少佐(左端)とモハンシン将軍(左から2人目)。小川少佐はのちインパール戦で戦死する。

太平洋戦争中、来日したタイ軍事視察団のピチット中将一行。開戦時にタイ国領内を進行する日本軍との間に不測の事態は生じなかった。

ビルマ義勇軍に参加する志願者たち。オンサンなどビルマ独立運動家に南機関は開戦前から援助を行ない、軍事訓練なども実施した。左写真はビルマ方面第十五軍司令官飯田祥二郎中将とビルマの国家代表バーモ。昭和18年8月、ビルマは独立を宣言した。

中野学校の剣術訓練――昭和13年、後方勤務要員養成所として発足した。約三千名の卒業生の多くは特務機関員として各戦場で活躍した。

写真提供／著者・登戸研究所資料館・雑誌「丸」編集部

日本の秘密戦における科学的資材の研究を行なった陸軍登戸研究所。写真は長野県に移転した登戸研究所施設の米軍による接収時の一葉。

日本の謀略——目次

第一章　ロシア革命の煽動者

第二章　「対伯」機密工作

第三章　「F」機関

日本の謀略

明石元二郎から陸軍中野学校まで

第一章　ロシア革命の煽動者

明石大佐の対露謀略戦

日露戦争は、完全なる国家総力戦といえた。軍・民ことごとく上下を挙げて対露戦争に全てを賭したのであった。それに関して多くの書きたいことがあるが、ここでは謀略機密戦の、しかも、驚嘆すべき成功をみた明石元二郎陸軍大佐の対露謀略戦について詳述したいと思う。

明治三十七年二月十日、日本は対露宣戦の布告を行なった。

明石元二郎大将の遺稿に『落花流水』なる一篇がある。「調査部第一課」とその序説には署名があり、「本書ハ日露戦争当時我駐露公使館附武官ナリシ明石元二郎大将（当時大佐）カ参謀次長児玉源太郎大将ノ密命ヲ受ケテ特別任務ニ従事シ露国内ノ諸不平党ト連絡シテ情報ヲ獲得シ或ハ後方撹乱ヲ為セル体験ニ関スル大将自身ノ手記ナリ」

とある。

児玉源太郎が参謀次長であったのは明治三十六年十月十二日から、翌三十七年六月二十日までで、長岡外史に譲り、児玉は満州軍総参謀長として第一線に出動しているのである。

一方、児玉参謀次長より密命をうけた明石元二郎は、明治三十四年一月フランス公使館付となり、ロシア公使館付となったのは明治三十六年八月で、翌年、日露戦争が勃発するや、二月参謀本部付欧州駐在を命ぜられているのである。

だから、前記のごとく、駐劄ロシア公使館付の明石大佐に、参謀次長児玉源太郎中将（三十七年六月大将）が密命を授けたのは、三十六年十月十二日以降、明石がロシアに駐在中の翌三十七年一月以前のことであると推論して、おおむね誤りのない時期であったと思われる。

対露情報活動に任じていたのは、日英同盟の署名者であったイギリス公使の林董。英公使館付の宇都宮太郎中佐、フランス公使の本野慎一郎、久松少佐、ドイツ公使であった井上勝之助、大井菊太郎中佐、アメリカ公使の高平小五郎、海軍の竹下勇少佐等であった。

明石元二郎は、英公使館付の宇都宮中佐（後大将）と連絡をとって活動をしたのである。

明石大佐は、フランス駐在の明治三十四年からすでに、ロシア国内の情勢の研究に打ち込んでいた。当時、フランスはロシアの同盟国であり、ロシアの国情調査には好都合であったし、翌年、風雲急を告げる八月にロシア公使館付となっているのをみても、明石大佐にかけられた任務が非常に重要であったこと、明石大佐が、この任務に最適任者であった証左といえよう。

彼は単なる諜報活動に止まらず、危険でかつ困難な後方撹乱の任務をも成し遂げたのである。

日露が開戦するや、露都を去り、スウェーデンのストックホルムに移ったのである。ロシアにも近く、ロシア内の反帝政派、打倒ロマノフ派との連絡もとり易い地を選んだのである。『落花流水』は前後九章にわけられ、当時のロシアの歴史を概説し、ロマノフ王家の堕落貴族僧侶等特権階級と、これに抵抗する反体制派を概観し、ロシアの農制、虚無主義、無政府主義を解説、ロシア国内の数々の不平党の分類とその状況を解明、革命運動に挺身している四十二名の人物を解説、六章は明石大佐と、革命党員との連絡と後方撹乱の、自身活動の顚末を記録し、七章は大佐の諜報の実際を、八章には、その苦心画策を叙述した。

明石大佐の類別した、ロシア不平党について記しておこう。

(1)、ロシア革命社会党

「ナロドナイヤヴヲリヤ」虚無党甲派の一派たる同党は、ヨーロッパにおける他の社会主義諸派と異なるところは、社会改革は理論では不可能、暴力以外に勝利を収める方法はない、実力行使のみを第一の要義とし、国政監督の議院の常設。吏員は公選し経済行政上の単位である村制の完全な自治、演説、出版、集会と選挙の自由、全国民に投票権を与ふること。常備軍を廃し、地方民兵制度をとる。土地国有。農及び土地を第一とする。一般労働者を第二義とし、帝室廃止と、他党派と較べ最も過激派である。

(2)、民権社会党

虚無党乙派（ベレダジヤ）の一派で、勢力大きく、(1)と殆ど同じ、ただ社会党の本義を守って暴力を用いることを避け、農より労働者保護を第一とする。

(3)、自由党
自由党といっても、硬軟極端に差があり、一派は帝政は保護し、他を改革しようとするシーボブ派、一方、トルベッコイ公爵の如き憲法派と称するものもあり、機関紙「ヲスボ、ジユデニー」に拠る一派もある。

(4)、ブンド党
ユダヤ労働者の秘密結社。

(5)、アルメニア党
アルメニア国民社会党で、独立の行政を行ない、最終の目的はロシアより離脱するを目的とする。

(6)、ゲオルギー党
サカルトヴェロ党という地方国民社会党であるが、民度低く、武器を弄するを好む。

(7)、レットン党
過激党派の一つであり、リボニヤ、リチュアニヤ地方に活躍する。日露開戦後、その勢劇烈となったと明石大佐は報告「とくに明治三十七年八月十六日以後見るべきもの多し」と記している。

(8)、フィンランド憲法党

これは純然たるフィンランドの国民党である。過激なる決行を行なおうとして、結果的にフィンランドの敗北を懸念するの余り、決断に踏み切ることができず、フィンランドは欧州のなかにおいて英国についで旧い憲法政治の国で、ロシア皇帝のフィンランドに対する権能は、フィンランド大公として最上裁判権を有するにすぎなかったのである。近時、露化政策のためにフィンランド憲法を蹂躙したため、フィンランドの怨みをかい、憲法擁護の手段をつくして露化政策の阻止に全力をあげた。フィンランド憲法党はロシアの自由党の急激派と親しくその力を利用していたのであった。

(9)、フィンランド過激反抗党

国民的感情において、前記憲法党と血脈の共通するものあるも、その運動方針は全く純露の革命党と協同し、この党の考えるところは、フィンランド、あるいはフィンランドとコーカサスだけでは革命は不可能であり、ロシア革命党と協力しなければ目的は達成できぬ、よってロシアの革命党と協力し、その運動を助けることによってロシア領民族一般の自由を獲得し、又これを維持するの道なりと信じ、昔の虚無党の中の過激派ともいう、ロシア革命社会党と結托し革命の目的を達成しようとしていた。だからこの党は一方フィンランド国民党たると共にまた一方ロシア革命社会党の一派で、その運動方針は共同戦線を張っていた。

(10)、ポーランド国民党

ポーランド国民党の自重逡巡ぶりはフィンランド憲法党と相似していた。この党はロシアを仇敵として憎悪しながらその行動は活発ではなく、すなわち、敗北した場合、ポーランド永久の不幸を招来するとおそれるとともに、ドイツがその虚に乗じてポーランドを蹂躙するのを懸念している。その運動方針は専ら文学分野においてであり、ポーランド上流社会の人士と農民がこの党派に属している。

⑾、ポーランド社会党
これはあらゆる党派のなかでもっとも激烈なものの一つであり、その主流は専らポーランドの労働者階級が占め、主としてその自治制獲得を第一段階とし、その勢力は非常に大きかった。

⑿、ポーランド進歩党
ポーランド国民党とポーランド社会党、双方から各一部が合流してこの党を編成したものであった。

⒀、小ロシア党
小ロシア民族の再興を計るのを目的としての構成人員と地域は頗る広大ではあったがその組織は未完成といえ、小ロシア地方はロシア革命党の根拠地に多く「ポトリー」「キエフ」「オデッサ」「セバストポル」「クールスリ」など主なる都市はむしろ、革命党の勢力範囲に属していた。

⒁、白ロシア党
これも、社会党であり、地方自治を目的としてその運動方針としていた。

⒂、ガボン党

僧侶ガボンの党派であり、露都ペテルスブルグの労働者階級にこの党に組みするものが多かった。明治三十八年一月二十二日、すなわち「血の日曜日」の大暴動の中核となった党である。その目的とするところは、むしろ革命社会党と同じく、その行動は常に革命社会党と共同し、闘ったが、この党は統率者名を党の名称としていた。

ロシア政府に反抗するものは前記十五の党の外数えきれぬほどあった。

帝政ロシアの不平分子

明石大佐のレポートによれば、前記諸党において革命運動に活躍している重要人物として実に四十二名の多きをあげ、出身そのほかの説明を加えているが、ここでは名前だけにとどめ、明石大佐が実際に活躍し登場する場合を詳述することとしよう。人名の下は暗号電文用の仮名である。

チャイコヴスキー　（純粋のロシア人）
クラポトキン公爵　（純粋のロシア人）
チェルケツソフ　（コーカサス人）
ブレシュ・コブスカヤ　（純粋のロシア人）
ワンホフスキー　（純粋のロシア人）
ゴッズ　（純粋のロシア人）

デカンスキー　　　　　　　　(純粋のロシア人)
ソースキース
ルバノウッチ
ブレパノフ　　　　　　　　　(純粋のロシア人)
レーニン
ドルゴルーギー公爵　　　　　(純粋のロシア人)
ミルーコフ博士　　　　　　　(純粋のロシア人)
ストルーベー　　　　　　　　(純粋のロシア人)
マキシム・ゴルキー　　　　　(純粋のロシア人)
ガボン=僧　　　　　　　　　(純粋のロシア人)
セミヲノフ　　　　　　　　　(純粋のロシア人=帰化仏人)
シリヤクス　　　　　　　　　(フィンランド人)(幹事)
ウィクトル・フルヘルム　　　(フィンランド人)
ウヲルフ　　　　　　　　　　(フィンランド人)
ヨードコー　　　　　　　　　(ポーランド人)
マリノヴスキー
ポール
ドムスキー

バリスキー
ローレスメリコフ公爵（アルメニヤ人）
マルミヤン
ワランチャン
デカノジー（コーカサスバツームの人）
ボー（スイス人）
ジキソン（イギリス人）
モルトン（アメリカ人）
キーヤール（フランス人）
ミンカ
トロイトマン
ハルトマン
バウマン
カストレン
テスレフ
イグナチウス
ロイテル博士
ブロコッペー

「露国ノ政海ニ激烈嶮悪ナル不平ノ暗潮アルハ何人モ之ヲ語リ歴史モ亦之ヲ述フ然レトモ其手掛ヲ得其真相ヲ確メントスレハ漠然トシテ近寄ルヘキノ岸ナシ」（原文のまま）。

今の読者にはとうてい面倒で読みづらいと思うので、かつ尨大なるものゆえ、意訳するようなつもりで、その大意を伝えたいと思う。しかし、この明石元二郎大佐の後方撹乱と、謀略の手腕は、前例もなく、また、後世これに比する謀略工作のこれほどの成功をみたものはない。勿論、それには、種々の条件や、国家間の複雑さが、工作を困難としたことも認めなければならないとは考えるが、明石大佐の謀略に関する天才的才智と勇気とを過少に評価する理由とはなるまい。

ロマノフ王朝の帝政ロシア諸政策に、激しい不平不満とレジスタンスの暗流が、渦巻いていることは何人も知らぬもののないほど明瞭な事実ではあった。

しかし、この不平反抗の多くの反政府党は全て、秘密結社の地下工作ばかり、一体誰がその指導者であり、何人がもっとも尖鋭な闘士であるか、また、それら首謀者が、どこに住み真の姓名が何であるか、探り出すことは至難を極めた。

政府官憲の激しい探索の眼を眩ますため、アジトは常に転々とし、姓名もその変名や偽名も時に応じて変えてゆくので、つかみようがなかったのである。

右のような理由から、その首領と思われるものをさぐりあててみても直接、接触しようとしても、たいていは不可能であった。かれらは、ヨーロッパ各都市の貴顕紳士の庇護をえ、またかれらは堂々として立派な生活振りであったことが、地下工作の運動者らしくなく、官憲や世間の眼から注視をまぬがれていたといってよかった。

その一例として、明石大佐が後に接触をとる一人であった「幹事」ことシリヤクスの妻は社交界の花形として、上流のパーティーなどにも繁々と姿を現わすほどの夫人であった。

前の駐日ドイツ公使であったライデン伯爵の宴会にも顔をみせたこともあり、明治三十八年一月、黒溝台において、第二軍司令官として、大軍を率いて寡兵の日本軍と戦い、日本軍を大いに悩ましたグリッペンベルグ大将の従兄であるグリッペンベルグ男爵は、フィンランド憲法党の一領袖で、当時はロシア政府の追放者であった。

現逓信大臣ヒルコフの弟のヒルコフ公爵は革命党の有力者であった。また、鴨緑江戦において第一軍司令官黒木為楨大将に大敗を喫したサスリビッチの姉は、往時、ペテルスブルグの警視総監を狙撃したベエラー・サスリビッチであって、現在は民権社会党の首領格の一人であった。

このように星の如く、不平党員は多かったが、明石大佐が直接接触をとることがなかなかできないでいた。まだまだ数えるにいとまなかった。

そのような時、ロシア首都ペテルスブルグに在留する日本の大学生で上田仙太郎なるものがあり、上田に依頼して、語学教師として雇った大学生ブラウンとの間で、雑談中、偶然にも大学生の間には不平党所属の党員が多いということを知った。

なんとかして、この二人の手で、不平党の有力者と接近する方法はないかとさぐりを入れてみたが、どうも思うに任せなかった。

「明治三十六年三、四月ノ頃ナリト覚ユ」

と明石はかいているが、たまたまフィンランドで不平党追放という事件がおこり、地方に紛争が生じたので、フィンランドを旅し、その運動の首領を求めたのであったが、残念ながら明石大佐はこの困難な任務に使えるほどロシア語に堪能ではなかった。ちょっと、上田に当たってみたが、危険視したのか、止めるようにと止められてしまったのである。だが、日露の風雲は急を告げ、もはや一戦は避け得ない形勢となっていた。

ちょうどその頃、まさに開戦の数日前、駐スウェーデン秋月公使といっしょにバアでのんでいる時であった。かたわらに座った一人の紳士が、虚無党の一人であるとこっそり話しかけてきたのである。しかし、その自称大学教授が、果たして虚無党の反政府運動者か、スパイであるか、明石大佐には判定がつきかねて油断しないで話しあっていたが、話の節々に、ロシア国内の不平党の一人であるらしく、今ロシア帝国と戦おうとしている日本人と知己たらんとしている様子を感じとったのである。

その上、聞くともなく聞いていると、この紳士の話は、おおまかではあるが、ロシア国内の不平党の状況を推察するに足りる種々の参考材料を語ってくれたのである。

明治三十七年二月十日、日露は遂に開戦するにいたった。明石大佐が、露都、ロシア人の称するセントペテルスブルグを去って、ベルリン経由、スウェーデンの首都に到着したのは

「明治三十七年二月二十二日ナリシカト記憶」(『落花流水』)。

明石がストックホルムに到着して間もないある日、明石の泊まっているホテルを一人の男が訪ねてきた。かつて明石大佐が、フランス公使館付武官の時代知己の間にあったヘフチー中佐であったのだ。

明石は、必要上、スウェーデン公使館付と名乗ったのであった。

明石は、在霧中聞いたことのあるフィンランド憲法党首領であるカストレンに対して、秘かに書簡を送って面会を求めたが、本人は人違いなるべしとの返事をもたせてよこしたのである。

明石大佐の失望ははたのみる目も気の毒なほどであった。すでに日露は戦端を開き、遠く、朝鮮、満州の野で戦いつつあるおり、後方撹乱の重任を帯びながら、その端緒さえつかむことができないあせりを感じないではいられなかった。

しかし、その夜おそく、白い立派な髯をたくわえた一人の紳士が、こっそりと明石を訪ねて来たのである。紳士は、カストレンの親友シリヤクスなる名刺の入った書簡を携えていた。

明石大佐が暗号電報のなかで「幹事」と偽名で呼んだコンニー・シリヤクスであった。シリヤクスは元裁判所判事であり、また、弁護士にもなり、今は著述を業とし、ロシア革命社会党の別働隊として編成されていたフィンランドのレジスタン過激党の首領で、そのパリ会議議長の重要任務についていたのである。

そのシリヤクスの書面によれば、当ホテルからカストレンへ出された、折角の貴下の書簡も、いかなる人物なるや何人の紹介なのかわからず、貴下が危険なる人物か否やも想像できず、書簡は一応返却したが悪しからず、と述べ、明石大佐の意図するところを秘かに調べ知ることを得たので、ぜひお会いしたいと考える、とあった。

シリヤクスも、カストレンも、このような会合は大いに好むところであるが、ホテルや酒場では危険であるから避けねばならないと、記したうえ、秘かに落ち合う方法まで知らせてきたのである。その方法も、まさに映画かテレビの画面をみるような方法が指示されていたのである。

そして、その頃、ストックホルムは降雪の季節であった。その降りしきる雪の朝、大佐は午前十一時の時計の鳴るのを合図として、ホテルの前に立たれよと指定した。

その時刻ちょうど、一台の馬車は往還の貴下の立つ前に停止する。馬車の内には、私（シリヤクス＝明石大佐のいわゆる「幹事」）が乗っているから、なにもいわず、無言でその馬車に乗り込まれたい。雪深いストックホルムでは、馬車は幌をおろしており、人にみられることはない、とこまごまと、指示してきたのであった。

翌十一時、明石大佐はオーバーの襟を深くたて、時間どおり来合わせた馬車に、静かに近づいてゆく。チラと幌の中をのぞき見た後、乗り込んだのである。

馬車の外は、霏々として雪が降りしきり、往来するものも少なく、明石は、カストレンも知らなければ、馬車の内で待つというシリヤクスとも面識がない。

しかし、明石大佐の今の任務は正確な計算とともに、賭も必要である。危険や不安に逡巡しては何事もできない。心持ち席をずらして譲ってくれるシリヤクスと思われる人物に軽く会釈をすると馬車に乗り込んだ。その人物は馭者に行けと合図をする。

明石元二郎は賽を投げた。もし、投げたこの賽が、日本に利せず、交戦国ロシアのスパイの罠であったとしたら、もとより生命はすててかかってはいるが、世界第一を誇るロシア大陸軍の、そして海軍も日本の数倍の艦艇を常備して、新興の日本が互角に戦えるかどうかという時、ロシア国内を席巻している革命動乱の根源に爆薬をすえ点火するという重要任務が果たせない結果となる。

明石は眼を閉じて、隣に腰かけている男の呼吸を静かに心できながら、果たしてロシアの軍事スパイか、革命の指導者かを考えていた。

明石の心底に、この男は明石の味方であるという気が次第に強くなってきた。男の呼吸が、それを無言で語っているような気がしてきたのである。軍人として長く生活してきた明石の第六感ともいうべきものであったかもしれない。

シリヤクスの案内で、目的の男カストレンの家についたのである。明石を驚かせたのはその室内の様子であった。「入ルヤ尤モ奇ヲ感セシハ」。

正面に掲げられた一枚の額は、ロシア皇帝ニコライ二世署名入りの、カストレンの追放状であったのだ。さらに明石をおどろかせたのは、天皇（明治天皇）の肖像が掲げられてあったことである。

そして、今一葉の額は、ロシア皇太后の弟であるデンマーク皇太子の自筆署名入りの写真であった。これは、カストレンの説明によると、ニコライ二世に対し、姉の太后を通じ、人民を抑圧せぬようしばしば諫言してきている人物であるという。

シリヤクス、カストレンの二人も、その内情を知っていて、このデンマーク皇太子に直接会いロマノフ王家の圧政につきいくども意見書を出したと話してきかせたのである。シリヤクスとカストレンは、明石の知りたいことを交々語ってくれるのであった。

ロシア皇太后が、実家へ帰省するような日は常に、かつて皇太后付であったコーカサス人のシエルバシエチに、ロシア国内事情、国事を明けっぱなしに語りあうことも教えてくれた。

元宮内省書記で同じコーカサス人のデカイジーはゲオルギー社会党総務委員であったが、このシエルバシエチと親友であり、デンマークの税関長ベレンセンはシリヤクスの莫逆の友でシリヤクスの運動のよき理解者であるとともに強力な支持者でもあったのだ。

明石は、

「現在のロシア国内における不平党の運動方針、ロシア国内における大小に拘らず軍事、政治情報が知りたい」

単的にズバリと申し入れた。一座のシエルバシエチ、デカイジー、ベレンセン、シリヤクス、そして、この家の主カストレンは、明石が何を求め、かれらに要求するものが何か、はっきりと知ったのである。

五人の沈黙は続いた。そしてシリヤクスが五人の顔を一順見渡したあと静かに口を開いたのであった。

「われわれは、ロシア国内の政治上の事柄なら細大洩らさず貴下にお話しよう、しかし、われわれの名誉、面目にかかるスパイ行為はお引きうけし難い」

その時、カストレンが、

「しばらくお待ちなさい」

といい、電話をかけにいったが、帰ってくると、適任者を呼んだから会ってみらるるがいいと親切に助言してくれたのである。

しばらくたつと、スウェーデンの参謀アミノフ大尉が姿を現わした。過日、いっしょに酒場でのんでいたスウェーデン公使の語学教師のアミノフであった。アミノフ大尉は、クリンゲルスチェルナ参謀中尉を紹介し、同中尉は、ベルゲン少尉をロシアに派遣してくれることとなったのであった。

明石大佐がここで戸惑ったのは、スパイのため支出する金円の窓口となる信用できる人物をさがさねばならぬことであった。しかし、これも、アミノフ大尉が、かれの友人の豪商リンドベルグなる人物を推薦してくれた。リンドベルグは後、ゴテンベル港の名誉領事となった。

革命党首領と接触

明治三十七年三月初旬。

シリヤクスが南欧へ旅行し、ストックホルムに帰ってきたちょうどその頃、革命党の長老であり、大同団結を呼びかけたのもかれであったチャイコヴスキーの書簡をうけとったのである。

チャイコヴスキーは、打倒ロマノフ王家、打倒帝政ロシアの戦力拡大のための暴動革命運動家、諸党派の大同団結を叫びつづけてきていた。

このチャイコヴスキーの手紙に、明石大佐は日本人として、より軍人として心にある抵抗を感じないではいられなかった。国民が、その国の君主と、その政府を倒そうという考え方について一沫の疑義を抱かざるを得なかった。

革命党を中心に撹乱運動を策するのは、ロシア国家多難に際して何事かと。しかし、それはあくまで日本人の考えで、日露戦争がロシアを亡ぼすことはない。ロシア皇帝および政府は人民を苦しめる悪魔であるから、これを除こうとするのは国民大衆のための天職であると信じ、日本との開戦を好機として、悪魔を退治するのは正義であるというのがチャイコヴスキーのような革命党、過激派の考えであった。

シリヤクスが、ストックホルムに帰ってくると、シリヤクスを通じて、ポーランド国民党のドムスキーが、満州で戦っているロシア軍将兵に降服を勧告するため、日本へ渡りたいがどうかとの提案が、明石大佐になされたのであった。

だが、スウェーデンのストックホルムには一人の外務省書記官が代理公使として駐在するのみで、このような大きな問題を処理するには少々困難であった。明石大佐は、欧州のなかで一番上席でもあり、また、先輩たる在ロンドンの林董公使にはかるほかはないと考え、パリにおける不平党の会合への出席、かつ、スパイ要員を獲得する用務を兼ね、ドイツ、オーストリー、フランス、イギリスをまわり、宇都宮中佐（手記には大佐とあるが、この時代は中佐、38・3・大佐）を通じ、林公使に面談、林公使も、この提案には大体賛成してくれ、援助の約を得たのであった。

開戦のしばらく前、ペテルスブルグに駐在していた時代にバログトガランタと称する、ペテルスブルグに永住している、オーストリー人がある日突然に公使館を訪ね、公使に面会を求めたことがあった。

公使は紹介者もなく面会を謝絶し、代わって秋月丸尾書記官が一応会ってみたが、二人ともドイツ語、ロシア語に堪能でなく、明石大佐が会ってみると、武官ときいて大いによろこび、盛んに革命党について売り込みを始めたが、「其人格疑ハシ」く、しかし、それ以来、頻々と往復を始めるに及んで、かれが革命員でないことを明石大佐は遂に察知したのである。しかし、バログトガランタが真の革命党員ではなかったが、この男の話の中から、真の革命党員を知ることができたのである。

大佐は「所謂死馬ノ骨ヲ五百円ニ購フニ似タリ」と記していた。

明治三十七年六月末になると、シリヤクスの活動とその同志たちの運動は次第に盛りあがってきたので、かれらと相前後してパリに入ったのである。

パリに入るとサカルトヴエル党のデカノージー、アレキサンドル二世の宰相であった元帥ローレス・メリコフの甥でアルメニヤ社会党の重鎮ローレス・メリコフ公爵等と会合、シリヤクスはチャイコヴスキーと談合しロンドンに赴いて、林公使に面接したいと、明石に相談した。明石大佐はまず、宇都宮中佐に面談をすすめたのである。

ちょうどその頃、参謀次長から宇都宮中佐に返電があり、明石大佐は檄文費三千円を支出したのである。多分、前参謀次長児玉源太郎の時代に決済したものと考えられるが、たまたま、明治三十七年六月二十日に児玉源太郎は陸軍大将に栄進、満州軍総参謀長に補職されたのである。同時に次期参謀次長は中将長岡外史がその椅子を占めたのである。しかし、参謀本部として企図した明石大佐のロシア後方撹乱の謀略は、次期長岡次長もその意志を踏襲したものであった。

この頃、一方においては、明治三十四年十月からヨーロッパに出張を命ぜられていた田中弘太郎少佐（37・7砲兵中佐—後大将）に命じ、壮士を集め、鉄道爆破の技術を教授させた。修得後試験してみたところ、相当な効果をあげたものの、鉄道を破壊してみても忽ち修復し、一日にたった一列車の運行をとどめるに過ぎないことが判り、犠牲が多く効少ないという結論を得て、鉄道破壊は中止することとなった。

明石大佐は、シリヤクスといっしょに、ローレス・メリコフに会った。これは、革命派諸党の意嚮(いこう)をたしかめるため、メリコフ公爵の意見を聴するにあったのだ。メリコフ公爵の意見としては、不平党の団結についてはあながち反対ではないが、もし、公々然と革命党が合流して一大レジスタンスの運動を起こすこととなれば、政府側の弾圧には恐怖すべきものがあろうという。

また、革命党、民権社会党、ポーランドの国民党、ならびに社会党、コーカサスの両党、フィンランド党の各党とも、その綱領、運動方針、その主張、主義目的等差異があり、地方地方にはその特殊性があって、同一の宣言書は全ての党が満足するとは考えられないということを憂慮するのであった。

明石大佐は、これらの団結に成功すればその戦力はロシアの後方撹乱に非常な効果を示すに違いないと考え、ぜひ、かれら諸党の団結を推進したいところであった。

たとえば、サカルトヴエロ党のパリ委員たるデカノージーの如きは、わが党は運動資金が乏しい。多少の補助でもしてくれるなら、文句なく、手段方法など選ばず連合に参加すると発言した。

スイスは、これら革命党首領格の格好の潜伏地であったのだ。といって、これら首領たちに直接接触するのはやはりなかなか困難な仕事であった。だが、シリヤクス、メリコフ、デカノージを始め、フランス無政府党員のキーヤール等の活躍によって、その居所を突きとめることに成功したのであった。

明石は、シリヤクスと相前後してスイスに入国したのである。

同地には、革命運動の大ものが多く潜伏していたが、とくにドロシヤク党の首領マロミロフ、ロシア国民社会党の首領ブレバノフ、最も過激派といわれる革命党の首領ブレシュ・コブスカヤほかである。

革命党の統一のガンは、各党の私的軋轢嫉妬にあり、これを取り除かねば合流も一場の夢にすぎないのである。革命党と民権社会党は徒らな競争、ポーランド国民党と社会党は主義の上での反目が強く、ロシア人とポーランド人の怨恨の深さは他に比をみない。

フィンランド人のシリヤクスが、この複雑な各党の首脳間を駆けめぐって斡旋していたが、全く、その点かれは適任者といえた。

明治三十七年十月、不平党合同懇談会を開くため、各党から若干の委員が出席するよう、その相談会の項目として、各党各派がロシア政府に要求する事柄を提出し、檄文を作製、示威運動を行なうことを勧誘したのである。

明石大佐は七月の末にシリヤクスと別れて単身スイスのチウリッヒ付近のラペールピールに向かい、ポーランド国民党の首領バリスキーに会見、バリスキーは、不平党の合流には余り成果を期待できぬという意見であった。だが、できるだけ党員にすすめてパリ会談には出席し成功するよう協力すると答えたのだ。

明石は次にベルリンに飛び、アムステルダムにおける列国社会党会議の終わるのを待って、八月、ハンブルグにおいてシリヤクスと会見。シリヤクスはポーランド社会党首領ヨードコーをロンドンから招いて、スイスの各党の実情を説明し、十月の会議にはぜひ出席するよう慫慂したのである。

八月末、ストックホルムに帰るや否や、宇都宮中佐からの電報がつき、できるだけ早く来られたいとの内容のものであった。大佐は直ちにロンドンに向かい、この短時日の間に三度南欧を駆けめぐったことになる。

宇都宮中佐は、イギリスに滞在するポーランド社会党ロンドン支部党員ヨードコーら数人を招集した。ポーランド社会党は十月のパリ会議も、大した成果は期待できぬゆえ出席しても仕方がないという意見である。

明石大佐は、ここで、「些事ヲ主張シ共同ヲ欠クハ露人ノ通弊ナリ」とかいている。

民権社会党の首領で、「イスクラ」の機関新聞の社長たるプレバノフは明石大佐に回答して、自分は追放中の身でパリに入ることはできない、第二に民権社会党の原則を守るがゆえに社会党の原理に適合せぬ会合への出席はできない。

明石はこの第二条項は競争相手の革命党に対する嫉妬からと断じたところであった。このようにして、民権社会党、ならびにブンド党以外、自由党、革命党、フィンランド憲法党、ポーランド国民党、ポーランド社会党、ドロシヤク党、サカルトヴェロ党は全て、十月一日パリに集合した。

シリヤクスは提案者であったため五日間の会議に議長役をつとめたのであった。この会議において自由党員の意見は意外とするところであった。

会合を前にして、シリヤクスは、日本陸軍の明石という大佐の意をうけて活動しているので運動に自主性がないと論じているときき、明石大佐も出席すると、会議中、同様意見が発言されるに及び、宇都宮中佐を同席させた席で立って、その意見は誤りである、あくまでもシリヤクス議長の提案に対して、われわれが支援を約したにすぎぬと弁じたのであった。もし、御不満なら小官はこの運動から手を引いてもよいと説明した。

だが、ヨードコーが種々斡旋して、会合は一応成果をあげたようにみられた。それだけではなく、ドルゴルーキー公爵、ミルーコフ博士、ストルーベの如く著名な人物も出席したのである。

明石大佐は、暗号電報をもって逐一、参謀本部へ報告し、一方、駐仏本野公使は外務省へ報告したのであった。この十月のパリ会談は成功といえたのである。開会に先だち明石大佐とシリヤクスの間に少々意見の食い違いはあったが、シリヤクスの努力と、献身的活動に対して明石大佐は「知矢カ苦心惨憺ノ労ハ謝セルラ得サルナリ」と記している。

そして、この会合の結果、各党は各党独自の方法手段をもってロシア政府の勢力をそぐことを申しあわせたのである。

自由党の如く、弁論を得意の武器とするものは、あらゆる公的な会合の席を利用して口舌を以て政府攻撃を行ない、暗殺を得意とするコーカサス地方出身の党員は、暗殺のごとき直接行動をもってし、社会党の如く示威運動を特技とする党は、これをもってロシア政府をおびやかすのである。ただ議長シリヤクスの属するフィンランド党は意見が二分し、メッケリン派の直接行動は時期尚早という。

小銃五万梃の入手後なら直接行動も辞せずとシリヤクスの意見と対立したのである。シリヤクスはここにおいて別に尖鋭分子による一党を作った。これをフィンランド急激

（進）反抗党と名付け、ロシア革命党と表裏一体となって行動することを申し合わせたのであった。

自由党をのぞいて、直接行動のみを本旨とする党派をもって第二次会合を開催した。そして、いよいよ明石大佐らの希望する運動に挺身することを申し合わせたのであった。すなわち、諸党員は、ロシア各地に潜入、軍隊の動員を防害することとなるのである。かれらは、明治三十七年十月半ばには全てパリを去って目的地に潜入していった。

明石大佐は資力の少ない党には行動資金を約束し、ストックホルムへ帰還したのである。第一に火蓋を切ったのはポーランド社会党であった。同盟罷業――大ゼネストを指揮煽動し、鎮圧のため出動した憲兵警官と激しい闘争をくりかえし、ストは猖獗を極め、政府官憲はほとほと手を焼いたのであった。

シリヤクスは、同時に、パリや他都市を歩きまわり、ロシア政府攻撃の示威運動を煽動したのである。

シリヤクスのこの行動は、さきに明石大佐が参謀本部に意見具申して叱られたものであった。よって明石大佐は、それ以後、この行動には一切関知しなかったのであるが、シリヤクスは自己の意嚮として断行してしまった運動であったということにはなっているが、裏面にあって指導していたのは明石元二郎であったに違いなかろう。

以後、当時代まで世界史にとくに政治、文化、文学の歴史の中に登場する著名人物がこの活動運動に支援するにいたるのである。

すなわち、当時フランス衆議院副議長であり、社会党首領で後年暗殺されたジョン・レオン・ジョーレスがこの運動の大きな支援者となった。文学者アナトール・フランス。貴族院議員のプレサンセー。政界の巨星クレマンソーなどであった。これらの人々が実はロシア政府の敵である「ロシア人の友」なる団体を組織、機関新聞「ユマニテー」「オーロール」「ジルブラー」「ワーロペアン」「アルメニアン」「ジョールジヤン」等により、ペンをもってロシア政府を猛攻したのである。

一方、ロシア革命党は「キエフ」「オデッサ」「モスクワ」諸都市において、大学生を煽動し、労働者を煽り、一大デモを敢行したのである。

満州においては、日本軍はいたるところに苦戦した戦場もあったとはいえ、陸に海に勝ち進んでいた。だが、ロシアは、明治三十八年三月奉天で大敗を喫したのであるが、欧露から数十万の大軍を移動し、真の勝敗はこれからであると豪語していたのであった。

これはしかし、総司令官クロパトキンを始め、本国の諸将、政治家らの虚勢ではなかった。実のない豪語でもなかったのだ。ただ当時の日本のごとく、国内銃後も打って一丸となり、真の総力戦を戦っていたのと異なり、ロシア本国の内政は累卵の危機に遭遇していたのであった。政治は堕落し、一般国民は、極めて小数の王族貴族の圧政の下に呻吟していたのである。

一方日本軍は、もはや全ての予備軍まですでに出しきっており、もし、ロシアが、乾坤一擲、大軍団を投入して勝敗を挑んだとすれば、形勢は逆睹(ぎゃくと)しがたいものがあったのである。

そのような意味で明石大佐が、身命を賭して、欧州に、ロシア反政府派を煽動し、支持し、反戦謀略を指導した成果は、やがてロシアの奉天戦以後、さらに五月二十七、八日バルチック艦隊の全滅以後、戦争継続を断念せざるを得なくされるのである。

暗殺の伝統と、その最高技術を発揮することにおいて他に比類をみない、コーカサス地方の直接行動隊は、高級官吏の暗殺一日十名を数えたというのである。

パリ会議に参加しなかった民権社会党でさえ十一月から翌三十八年一月にかけて単独で労働者のストライキ等を煽動した。

一月二十二日、血の日曜日の暴動は、ロマノフ王家最後の皇帝となるニコライ二世を驚愕させたのであり、僧侶ガボンの名を一躍ロシア革命史の上に著名にした大事件となったのである。

先にかいた「ロシア人の友」の、世界的に著名なる人々は、筆を揃えてロシア政府を攻撃しロシアは同盟国のうちにおいてすら人気を失墜し、これらペンの集中攻撃によって外債を集めることさえ不可能なる状況に陥ったのである。

「有名ナル大博士セイニヨーボーハ学生ニ説ケリ曰ク卿等ハ如何ナルコトアルモ露国ノ募債ニ応スヘカラス又卿等ハ其父ニ向ヒ予カ説ヲ伝播スヘシ是独リ家産破滅ヲ恐ルルノミニアラス仏国ノ経済紊乱ヲ憂フレハナリ」(『落花流水』) と記し、つづいて、

「又瓦本験(騒?)動ヲ目撃セシ某外国通信員ハ報シテ曰ク職工カ赤手ニシテ兵火ニ斃ルルヤ叫ンテ言ヘリ曰ク若シ日本軍ノ僅カ一大隊カ吾人ノ側ニアリシナランニハ吾人ハ茲ニ惨死

セサルヘキニト……」（同）と。さらに、
「……老女傑『ブレシュコブスカヤ』一日人ニ語テ曰ク——吾人ハ人民ノ為メ悪魔ト義戦スル玆ニ数十年未タ目的ヲ達セス今ヤ吾人カ敵国タル日本ハ却テ吾人ヲシテ悪魔ヲ退治セシムルノ機ヲ与フ吾人豈我微力ヲ赤面セサルヲ得ンヤ」（同）
明石はかれらロシア国民の心中にある真の敵はロシア政府と皇帝だけであるとかいている。当時、ロシアの動員地区に指定されていた、東中西部ロシア、ポーランド、コーカサスでは、動員防害運動が熾烈となった。とくにゲオルギー地方では、動員防害の鎮圧のため出動してきた中隊若干を、党員は取り囲み、コーカサス第一軍団の動員を撤回させてしまったという。

困難な兵器購入

革命そのものは失敗したとはいえ、僧ガボンの名はいやがうえにも高くなったのである。以来、ガボンの名を利用して呼びかける時、人心とは妙なもので集まるものは旧に倍するようになった。
暗殺の目的をもってロマノフ王朝宮廷に潜入させようとした婦人のレオンチバーが捕らえられたことから、革命党員の多数が逮捕されるにいたったのは革命派にとって手痛い事件であった。

明治三十八年四月。すでにロシア軍は奉天に大敗し、ハルピンの線まで撤退していたのではあるが、ハルピン以北に大軍を集結し、欧露からも大兵を満州へ移動、最後の決戦において戦線の延びきった日本軍を徹底的に打ちのめすと豪語していたのである。

もちろん多少の虚勢も含まれておるとは考えられるが、全然、根拠のない大言壮語とは、ロシアの常備兵力、戦時動員力、かつその、今日まで示した輸送の実力実績に照らし、言いすててしまうわけにはいかなかった。

明石大佐の謀略は着々と実を結び、ロシア国内は、熟れかかった果実が、まさに枝から転落するばかりの様相を呈しているものの、未だしの観あるは、日本参謀本部も、現地で活躍の当の本人もともに抱く焦燥となっていたのである。

四月末、明石元二郎はストックホルムからパリに向かった。パリに入るや、革命派にとって形勢思わしからず、明石は心に一瞬の落胆を感じたのではあるが、これくらいのことで挫折を感ずるなどと、我が心に鞭打ちふるいたったのである。ちょうどそのようなとき請求の金も到着し、各不平党への分配をもきめ、バルチック艦隊の東航、間もなく日露の大海戦がおこるであろう、いや、万が一にも遭遇することなく、ロシア艦隊のウラジオストックへの入港を許してしまうならば、益々、欧露の後方を収拾不能に撹乱しなければ日本は、北満州においてロシア陸軍の反撃を蒙ることとなり、あるいは日本海海城における制海権を危殆に瀕せしめる結果を招くに至るであろう。

思えば明石大佐の責務の重要さは旧に倍していたのである。

これより先、第四回の旅行の折、オーストリアの首都ウィーンで明石を待っていたポーランドのイントランシージアン党の首領スツデニッキーが、現在スイスに数方梃の安い小銃がある旨を秘かに報告してくれたのであった。明石は、今回のパリ行に際して、この銃器の買い付け法について協議を重ねることとしたのである。

銃器購入の件につき、ゲオルギー党のデカノージーは秘かに、知名な哲学者チエルチッソーフを介してスイス無政府党員で、富豪のボーを利用、ボーの友人であった砲兵工廠の大佐によって、この銃器の売買契約を結ぶことに成功したのである。各革命党も各々兵器購入のことに従事したのである。

革命党の一首領デカンスキーは、明石大佐の援助金四万円をにぎり、オデッサでの遊説と、兵器陸揚げの方法をもとめてオデッサに向かったのである。

かくして、六月、オデッサにおいて大騒乱は惹起され、かれは謀略指導のあとモスクワへ遁走したのであった。軍の反乱として有名な戦艦ポチョムキン事件を起こしたのは、このデカンスキーの部下たちであった。

戦艦ポチョムキンは黒海において反乱を企図し、成功以前に官憲の知るところとなり、実効を奏するには不充分ではあったというものの、この反乱がロシア政府に与えた不名誉と権威の失墜は百パーセントのものであったのだ。

ロシア皇帝ニコライ二世に与えた、軍人不信の念は、ロシア帝国の戦力喪失を内外に喧伝するところとなった。

だが、革命党に対する弾圧と検索は狂気の如く激増し、逮捕者も次第に多くなった。明石は、革命党の志気挽回のために、兵器購入に全力を傾けたのである。購買については革命党員を信頼し、ポーランド金銭をかれらに手交自由に買い入れさす方法をとったのである。他の党派も売物をあさり、明石は自由に買い求められるよう要求に従って金銭を手交したのである。

明石大佐は、兵器購売がいかに困難な業務であるかを特筆しているのである。党派によって使用武器の好みが異なっていた。革命党、ポーランド社会党は職工（労働者）多く、小銃を嫌ったとある。フィンランド、コーカサスの諸党は小銃を好んだ。

五月頃になると、ドイツ、ハンブルグにおいてシリヤクスは拳銃、モーゼル騎兵銃の買い入れに着手した。スイスにおいては、デカノージー、チエルチッソーフ、スイスのボーが銃器買い入れに本腰を入れていた。

一方、チャイコヴスキー、僧ガボンはロシア国内の不平党の勢力挽回につとめたのであった。

これより先、明石はセスネー号、セシール号という小蒸汽船二隻を購入した。武器弾薬をバルチック沿岸地方に陸揚げするためであった。この汽船の表面上の持ち主名はアメリカ婦人ハルなる女性とし、船員はバルチック海沿岸の不平党員を集めた。

バルト海方面に小銃一万六千、弾薬約三百万発。黒海方面へ小銃約八千五百、実包約百二十万発。これだけを輸送するのに小蒸汽船二隻では不足であり、別に、明石大佐は七百トンのジョングラフトン号を買い入れたのである。

これが後日、各国新聞で有名になったジョングラフトン号である。

スイスから兵器を陸路、鉄道をもって運搬するためには最底八輌の貨車が必要であった。六、七百トンの運送船の購入の手続きなるものが、これまた、輻湊せる外国での業務であり実に困難を極めたのである。

そこでスイスにおける日本の貿易商である高田商会を中継として諸般の業務を委託することとしたのである。高田商会支店長の柳田己之吉と、英国人のスコットは、ロッテルダムのある商店にスイスからボーが運送してくる兵器を取り次ぎ、これを一応イギリスに送りつけ、高田商会の取引先たるワットに、マニラへ輸送すると称して、概兵器を英仏海峡に積み出し、沖合において大船からジョングラフトン号に積みかえるのである。

すべての手続きの困難と、法律上の障害を回避して兵器の出所をくらまそうとしたが、ジョングラフトン号の買い入れにも非常な困難をともなった。

また、スイスにおいて、ボーが砲兵工廠の友人に対して買い入れに着手したのは六月中旬ごろであった。しかし、梱包のための銃の箱、銃の清掃など安易ではなかった。このようにして八月中旬、やっと準備完了。

スイスからオランダのロッテルダム、コルドネル商会あてに発送し、イギリスへの輸出は、税関の検査のため一時停止されるにいたったのである。高田とワットは非常な努力を払ってようやく英国まで取り寄せることに成功したのであった。

明石大佐は、革命運動準備のためにチャーリングクロスのホテルに滞在していたが、かれらを煽動するには毎日、数回密かに会う必要があった。しかし、人目を引かぬよう東西両隅にわかれてシリヤクスとこのホテルに止宿していたのである。

そうこうしているところへ、ロシアを遁がれて僧ガボンもこのホテルへ変名で止宿することとなったので、明石はシリヤクスに後事を托して、他のホテルへ移り隠れることとした。

クレーベンという小ホテルに移り住んだことは、宇都宮大佐（38・3進級）一人しか知らない筈であったのに、住所ホテル名はもちろんのこと明石元二郎の宛名も正確に手紙が到着したのである。思わずヒヤリとする感じであった。

文面には、次の木曜午前十一時、パリのシャンゼリゼー街地下鉄入口で待てとのものである。貴下は私を知らないであろうが、私は貴下を知りすぎるほど知っているものである。非常に重大な話がある。とだけ記された無気味な内容であった。署名にはただローラン夫人とのみあった。

明石大佐には兵器輸送の件でパリに用務が待っていたので、少々薄気味悪くはあったが、重要な話とあれば行かぬわけにはいかない。指定の場所に立つと、一人の婦人、四十歳をちょっとこしたかと思われる女が寄ってくると、小声で囁いたのである。

「私は露探の妻である」

といった。この頃はもちろん、大正の末頃、ロシアのスパイのことを露探と称した。

「あたしはフランス人で、目下夫とは別居中です」

と名乗り、四百ポンドくれれば露探の秘密を話すと申し入れてきたのである。もちろん金ほしさに偽情報を売りつけようとするものは沢山ある。しかし、この女は、明石大佐の任務のことをよく知っており、信じてもいいのではないかと思われたので、金ならいくらでも差し上げよう、すっかり話すようにと打ちとけた様子を示すと、かの女は驚くべきことを言い出したのである。

ロシアスパイのチーフであるマロニロフはあなたが、〇〇日八時凱旋門の下を歩いているのを見ているといったように、明石の活動ぶりをこの女は、チーフからきいて知っていることを証明した。

しかも、まだ何でも知っている。驚くのは早かった。明石は黙ってこの女の話にききいっていたのである。

「貴下はロシアの敵である虚無党の首領シリヤクス、デカノージーと共謀して」

ハンブルグにおいては兵器をフランスから一部買い入れに成功したが、一部は失敗に終わったはずである。夜行でベルリンからハンブルグに来てシリヤクスの泊まったストロイツホテルの階段をあがるとき会った人を覚えていないか。かれは露探「スプリンゲル」で、あなたが帰ったあと、シリヤクスは慌ててホテルを出たが、あなたが、かれを逃がすため来たのだろう。

あなたが「ジョールジュ」という名で「デカノージー」に何日に与えた手紙は開封され、露探の手におちたことを知っているが、お望みなら手紙の文句を言ってあげましょうか？

露探も決して眠っているわけではない。無能でもなかった。

兵器買い入れに奔走していることは知っているが、その場所がハンブルグかどうか、今探偵中である。徒歩は尾行され易いから歩いてはいけない。ホテルに泊まるときは一切偽名にするよう。それも小ホテルでなく、一流のホテルに泊まるようにせよ。

彼女のいうことは一つ一つ事実であった。

明石大佐はここまで明石のスパイ行動を知られている以上、変なかくしだては無用であるばかりか下策と、心中肚をきめ、ズバリと切り出したのである。誰か有能な露探——ロシア方スパイの大ものを紹介してくれと、かの女ローラン夫人と名乗る女に向かって申し入れたのである。

虚無党が何をやろうとしているか知らないが、自分には関係はない。自分の知りたいのはロシア軍の情況である。と明石はいった。すると、ローラン夫人は、あなたが虚無党のことを知らず誰かを知っているんでしょうと笑ってみせた。

あたしを信じて下さい。ロシア内政のことは私の力をかりねば、つかむことはできないはずです。ただ武器の買い入れは露探がやっきになって注視しているのだから、そのことを忘れないように。

特に注意するが、日本の暗号は全てロシア側に解読されている。（此件ハ後明瞭トナレリ併シ大秘密此事ハ諏訪秀三郎ニ委任シタルカ後此事柄ノ全部ヲ本野公使ニ移セリ＝落花流水）。

ローラン夫人の注意の如く、ロシアスパイの目はいっそう厳しさを加えてきていた。ために、武器の買い入れ、運送に対しては非常な注意が必要となったのである。ジョングラフトン号の買い入れは、高田商会が取引先のワットを仲買人として、ジキンソンというロンドンの酒屋に売り渡した。

この酒屋のジキンソンはロシア革命党のパトロンで、チャイコヴスキーが選んだ人物であった。表面の所有主として、これをアメリカの無政府党員モルトンに貸したかたちに偽装したのであった。

船籍が問題となったが、バルト海に入るためにはデンマークか、スイス、ノルウェー、イギリスの船でなければ人目をひいて危険であった。

スウェーデン、ノルウェーは分離問題で干戈を交えんとするときなので、ジキンソンを持ち主としてイギリス国旗をひるがえすこととなったが、イギリスの港から船を出すには、どうしても行先をはっきり提示してその証明書を入手しなければならない厳重な規則があった。また、船長以下全乗組員の国籍、姓名を告げなければならなかったのである。ところが、船長のトロイトマン、航海士バウマン以下全乗組員がロシア人であるため、船長免許証及び出船届が非常に困難となった。

そのため、船は旧船員を従前の如く乗船させ、オランダのフレッシングに向かうこととして、ここで議渡契約をしてイギリス法律の掣肘をうけぬような方法をとることとした。船長以下フレッシングに行き、旧船長が上陸したあと、さっと全員が交代して乗船することにしたのである。

これより先、船受取人として高田商会と関係のある一船長は、ジョングラフトン号に乗り込んでいたが、フレッシングでロシア船員が乗り組み終わると、待ちかねたように抜錨し同港をあとにしたのであった。しかし、このときも船の行先届の件でちょっとした故障がおこったが、やっと窮地を切り抜けたのであった。

このようにしてジョングラフトン号は七月末、ドーバー海峡を南航し、高田商会関係のワットの持ち船と海峡の小孤島ゲンゼー沖で、小銃約一万六千、実包約三百万発、拳銃約三千梃、爆薬三トンを転載したが、風浪高く、作業は難行し三昼夜を要したのである。かくしてジョングラフトン号は、ロシア革命党の船員だけで北航し得たのであった。

ジョングラフトン号に与えられた訓令は、八月十四日夜、デンマーク海峡ワルネムンドを通過し、八月十八日ロシア西海岸のヴィンダウに、バルト海沿岸の住民レットン用の兵器及びモスクワ行の分とを揚陸し、八月十九日夜にはヴィボルグの南方一小島にいたり、迎えの船を待ち合わせて小舟に移し、露都付近に陸上げをする。この少し前に、小蒸汽船セシールは該地に向けロンドンを出帆していたのである。

右計画は、高田商会柳田支店長、イギリス人スコットが苦心して実行し、八月一日出航した。

明石大佐らは、それぞれ行動先が別々で、シリヤクスはデンマークに向かい、スイスにある八千五百梃の銃を輸送する計画をたてたのであった。この八千五百梃は、はじめ黒海引当ての武器ではあったが、同方面の輸送に故障が生じたため、バルチック海方面に振り向けるよう急據方針を変更したのであった。

この少し前、五、六月ごろ、コーカサスの国立銀行を襲撃し三万円を奪い、またポーランド社会党もポーランド国立銀行を襲って三万円を強奪し、八月中旬レットンは、同一方法で二万七千円を奪いとったのである。

明石大佐は八月中旬、ロンドンを出発して、パリでコーカサスの諸不平党と会ったのである。バルト方面において暴動勃発したなら、これによって直ちに行動を開始するように協議したのであった。

明石元二郎がベルリンに入ったのは、すでにアメリカにおける講和談判が行なわれていた最中であった。ロシアの後方撹乱は、講和会議の進展にも重要な役割と意義とをもつものである。明石は行動を中止するところなく、あらゆる地域におけるダメ押しを痛感していた。

ポーランド社会党首のヨードコーをベルリンに呼び、行動について協議をした。それは八月十八日か十九日のことである。クールランドにおいては逮捕者が出てレットン党が動揺しはじめているということをドイツの新聞で知ったのである。

明石大佐は八月二十日、ストックホルムに帰還したのである。このときのことを長尾中佐の話をきくと、八月初旬、フルヘルムが、フィンランドから来て、形勢はすこぶるよいが、クールランドの運動は時期尚早であるという。ヴィボルグ南方の船着場に監視哨を発見したので、デンマークに向かい、着船地点をフィンランドとスウェーデンの間の海に変えるよう急報しておいたとのことであった。しかし、この上陸地点変更のことが果たしてジョングラフトン号に正しく達しているかどうか、憂慮せざるを得なかったのである。

八月二十五日、六日ごろ、シリヤクスがイギリス人のロングの旅券もってストックホルムへ到着した。シリヤクスは、ジョングラフトン号の件は全く閉口した。同船は十八日にヴィンダウの北方でバルト海沿岸の不平党のため兵器をおろしたが、十九日にヴィボルグでいくら待っても迎えの船が来ない。危険を感じて錨をあげてデンマークに来て、命令を乞うということなので、昨日変更した上陸地点に向かって出航させたのである。

ロシアとスウェーデンの国境にあるケミー、トルネオ地方から兵器を下しながら南下する予定にした。

この件はヴィボルグ監視哨発見の報に接し俄かに方針を変更した。実は八月初め、この監視哨のことを知り、八月十四日夜月明かりを利用して変更命令を与えるため、ワルネムンドを廻ったがジョングラフトン号の船影を発見することができず、昨日概命令を伝えることができたのである。

こうしてジョングラフトン号がトルネオ他一ヵ所に兵器弾薬を陸上げし、揚陸三ヵ所目ラタン地方で座礁するにいたったのである。この近海は船の出入がないため、ちゃんとした海図はなく、遂に座礁してしまった。それが九月初めのことであった。

この座礁したジョングラフトン号を欧州の諸新聞は「ミステリーな船」としてかきたてたのである。座礁するとその地方の官吏が、船の検査に派遣されてきたのであったが、船員らは積荷が露見するのをおそれ、官吏らを捕らえ監禁したのであった。

船員らは、兵器弾薬を揚陸した後、かれらを釈放したときいた明石大佐は、その行為を大いに難じた。かれらは職務のために来たのだから殺すには当たらないし、殺人は人道に叛くというのである。明石大佐は、スパイとは非情酷薄のものでなければならないという。蟻の一穴から堤も崩るるという。愚かな宋襄の仁であると非難したのである。

明石はその例として、モスクワで親王暗殺のときも、親王を殺す機会があったのに、パウル親王の子が同乗していたため、罪もない子供もいっしょに殺すのは道に非ずと中止したことがある。

「往々之ニ類スル仁義論ヲ聞クコトアルハ寧ロ滑稽ノ感アリ」

と言っている。この一行をみて明石大佐こそ、謀略、スパイの天才であり、日本帝国の存亡のためにはいかなる犠牲、いかなる冷酷非情の行為も敢えて辞せずとの人物であったようだ。謀略とか間諜とかいう任務に人間的感情が些かでも介入しては失敗に終わるからであろう。スパイとか間諜とかいう存在は、孫子の昔からあって、自国のためにはいかなる手段をも弄する。従って、その心事をとかく非難され、卑しめられるのもそのためであろう。

果たせるかな解放された官吏は、露都に急報し、仮装巡洋艦アシヤの急據派遣となった。

また、これより前、セスネー号はロンドンを出発するとき機関砲三門、弾丸一万五千を官憲に発見されてしまい、持ち主名義人のアメリカ人モルトンは逮捕せられ、刑罰は軽かったが、罰金を言い渡されたのであった。

八月中旬ごろからバルト沿岸レットン民族の暴動は次第に猖獗を極め、政府は第二十軍団を派遣し、ジョングラフトン号のことで、第十八軍団の一部がフィンランドに派遣された。

後方撹乱の意図はこのように効果をあげていた。というのも、暴動、革命、反乱のために有力な軍団を欧州で割かねばならぬことは、遠い満州地方で、大軍を動かして、日本と戦う余力を次第に失う結果となるからである。まず母屋の火を消さねばならなかったからである。

僧ガボンは日露平和締結（三十八年九月五日）の翌日ストックホルムにきて、日露講和に落胆したが、ロシアに向かって出発し、チャイコヴスキーはジョンクラフトン号のことが新聞に掲載されると、慌ててストックホルムに飛んできて善後策を講じたのであった。

コーカサスのバクー地方ならびにゲオルキーのスーシャ地方ではロシアの使役するダッタン人とアルメニヤ人との間に争闘が勃発し、その勢いは猖獗を極めたのである。

十月初めから十一月十八日の明石元二郎が欧州を離れるまでに起こった各地方の運動は、これまでの運動中、もっとも激しいものであったのだ。

革命党はモスクワで激しい争闘を起こし、フィンランドは独立の態度でフィンランド旗を総督の衛門に翻し、クールランド、レットン民族も独立を宣言、ポーランドは各地とも麻の如く乱れ、非常手段、直接行動、示威運動の絶えるときはなく、キエフ、オデッサ、コーカサス地方がこれに呼応し騒ぎは一ヵ月半に及んだのであった。

露都ペテルスブルグにおける革命運動が盛んでなかったのは、八月中旬の革命党大量逮捕のためらしく、ガボンは露都に行ったが、十分の結果を得ることができず虚しくスイスに帰ったのである。

八月六日、明石大佐がパリ出発に際して、人を介して革命党のパリ委員ルバノビッチにたずねてえた返事は、ストライキは経費がかかりすぎ、維持困難なので、しばらく中止し、他日実行する。今予言はできないが、来春になれば農民運動をおこすことを念じている。コーカサスと黒海方面に輸送の方法がたち、スイスにある銃八千五百梃、弾丸百二十万発を輸送し、明石が出発する数日前、輸送船は地中海のマルタに到着したとの報告があったが、帰朝後、明治三十八年十二月二十四日付の書面が到着したが、それによると、前途の希望は益々良好であり、一時にロシア政府を転覆することはできないが、一歩、一歩これを崩壊に導きつつある、ということであった。

ロシア帝国政府の壊滅はもはや何人も疑いを挟むものはなかった。

黒海回航の兵器も無事到着し、革命派の手に渡った。また、仮装巡洋艦アシヤに奪われた兵器は、全てワイロによって買い戻すことができたのである。すでにロシア海軍もこのように堕落していた。回収した兵器の数は八千四百梃であったと記録されている。

スパイとはなにか

以下は、明石元二郎大将が、「間諜及諜報勤務」すなわちスパイ要務令ともいうべき、スパイたる原則について述べたものである。

まず第一に、戦争中に講読した新聞雑誌はロシアの国内情勢を知るもっとも貴重な材料となったといっている。ロシア国内の出版物は厳重な検閲をうけるが、外国新聞の口を封ずることはできず、その意味で、ロシアは秘密保持が拙劣であったといっている。ロシアのインワリード及び官報は、軍隊の動員状況、戦時職務の将校の叙任を秘密にせず、ノボエウレミヤほか、新聞は投書欄とか、地方欄に、その地方の軍隊の動員とか輸送状況を掲載することがあり、軍隊配置書には毎月、極東方面派遣部隊ならびに派遣予定部隊を告知していたのである。

「イギリスにおいてはタイムスよりデリーテレグラフの方が、ロシア事情に精通していたと思う」と書いている。

ドイツにおいては、ターゲフラット及びロカルアンツァイゲルは優劣なくロシア事情を詳報した。ルシッシエアルメイは露軍の調査に各国中もっとも正確であった。フランスは、エコードパリは親露紙であったが、報道は迅速確実な点において第一であり、各国の新聞はこれを転載した。

不平党の機関誌の主なるものはスイスのイフ、クラー。フランスのトリビュンヌリユス。スイスのアブ・ボ・ジュヂニエ。フランスのウーロベアン等々である。

間諜――スパイ。スパイの数はときにより違ったが、講和になったときの員数は七名、助手五名、スパイはその募集（とかいてあるが、秘かに厳重なテストをして集める）は困難で、誰がこの勤務に適しているか知ることができないから成功と失敗を賭けて、目を閉じて飛び込むほかはないといっている。

スパイは甲乙互いにこれを知らせず、つまり横の連絡は一切ない。報告の到達を安全にするため各々助手をおいて、書信の受領、金銭送付の取り扱いをさせる。この助手も安易には見出せず、助手がスパイの親戚か利害関係の密なるものであれば一番いいが、スパイは普通親戚知己には自身の仕事を知られたがらない者が多いから助手探しには苦労する。ヨーロッパ人の性質はおおむね正直で金銭に対する義務の実行は厳格で、常に冒険心に富んでいる。

開戦前もっとも苦心したのは、間諜との会合及び通信であって、夜中、長時間林の中に立ちつくしていたり、スパイと会談しているところにたまたま予期せぬ某将軍の来訪をうけて困却したり、いろいろの思いがけない事態がおこる。

ロシア将校Aは、開戦後逮捕されて自殺した。また、Bは逮捕され投獄され休戦少し前に追放されたのであった。Cはまた憲兵に引致されたままでは判明しているが、その後消息を絶ってしまっている。

開戦の初期は旧将校、スイス将校等の周旋で使ったが、厚意的な周旋には面倒もあるため、次第に報酬を目的とするために仕事するものを使用、諜報の老練さと熱心さはむしろ、金銭を目的として働くものに多いのを感じた。

諜報に従事したものの姓名住所は、その将来の名誉と奇禍とを顧慮してここには書かない(但し、長尾中佐は必要なら当局に答え得る)通信の文書には暗号等方法種々あるが、「別抱諜包にその原書を蔵す」

書信中に用いた暗号には種々あるが、

其一、挿字法。例えば「ダイサングンダンユソウハジマレリ」と記すに、約束の挿字数に従い『センダイノクマサングロンダンダンダンイマニユソウテハアルジマタヲコレリ』（第三軍団輸送始マレリ）と記し、予め、二字無駄、二字生き、三字無駄、三字生き、一字無駄、一字生きの順序ときめておき、之を解読する。この方法は同一人に対し、数個の変換法をきめ、書信の署名に熊吉とあるときは甲の変換法、権兵衛は乙ときめておく。

其二、転綴法、例えば「ダイサングンダンユソウハジマレリ」を『リレマジハウソユンダングンサイダ』と書く。

其三、商品名をもって歩、騎、砲兵等に当てはめ、その番号などには数字を加え記す法。「歩兵第五連隊チエリヤビンスクを出発」は『赤ブドー酒五百本チエリヤビンスクに送れ』という如し。

また数字を以てする類似の方法あり、其三の隠語は言語不足のきらいがある。

其四、薬品汁をもってする書信で、受信者が火にあぶると文字が出るなどであるが、その薬品を手に入れ易いかどうかで使用がきまる。しかし、ときどき読みにくいことがあるが、汁の使用が下手なのか、あぶり方が悪いのかよくわからないことがある。

其五、約束の同一辞書を互に所持し、紙数の頁数と行数を教え、数字暗号を互の間においてのみ作る。

其六、毎朝発行の新聞紙を送るもので、通信法は入用の字を細い針で刺し、受信者は之を灯にかざして読むが、この方法も十分とはいえない。

また、ありのままを書いて通信したこともある。例えば「もし山田君に御面会の節は、よろしく御伝奉願候熊吉も大層元気よく久し振りにて此間来訪致し、来月には是非酒保付にて第五十連隊に御供し、一もうけする積りにて運動中のよし申候」

また、戦役間、政党員より情報を得たことが多いが、軍事上のことは素養がないので価値が十分でなかった。概して間諜を周旋したがらないが、万一の場合、その名誉が地に墜ちるのをおそれるからである。

かれらは、暗殺、放火、暴動は公然の戦術で、スパイは賤しい行為としている。但し政治通信は進んでしたが、やむを得ぬ場合、軍事諜報を一時頼んだことがあり、また、好意的に見聞した軍事を報らせ、注意を促してきたこともあった。

軍隊輸送実現の為、鉄道線路上に初めて間諜を配備したが、その後、取り締まりが厳重になったので、一名をつねに配し、二名を遊動に改めた。この遊動二名は、交代でストックホルムとイルクツクの間を往復し、輸送兵を視察したのである。一人がイルクツクを出発してサマラ付近に到着するころ、サマラ付近からイルクツクに向かって一人が出発するようにして、全輸送を手落ちなく見て、その結果をストックホルムに報告に来る。固定鉄道監視スパイの報告、その他一般のスパイ及び情報に照合し研究した。

この遊動スパイは、ひとめで軍隊を識別し、その兵数、隊号を認識することができず、困ったらしいが、後には完全にわかるようになってきた。これは長尾中佐の熱心な教育の結果で、長尾中佐の労を多とすると同時に、かれらに教育が非常に必要だと痛感した。

露都にいる三名のスパイは、各自独立して中央部のあるところで情報を収集した。要するにすべての裏面的諜報勤務あるいは、秘密の特別勤務は、秘密派遣員に担当させることが平時において殊に必要である。露見したときそこまでで累を他に及ぼさずにすむからである。秘密派遣員の職業は新聞通信員が適当であると考えるのは、通信事業に関する者と交際する便宜があるからであるが、このためには、その地域は少なくとも欧州の事情に熟練した人間であることが必要で、欧州全土は一国といってもいいくらいで、常設の一秘密情報部に若干の人間をおき、全欧州の裏面的情報収集に従事させると功績があがると思われる。

ともかく、諜報勤務は軍国最緊要の事務であるが、これまで経験がうすく、ことに洋の東西を問わず、将校は至難で且つ、ややもすれば、賎劣なこの勤務につくことを好まないが、将来、これらの方法を研究する必要があると信じる。

とかいている。ここにはスパイ及びスパイ術の原則的ともいえるものが述べられているが、これを孫子ら（別記した）の時代の「間」と比較し、また、他章の現代戦の情報謀略活動と比較されるなら、そこにはまた別の興味が生ずることと思われる。『落花流水』の以下「奇談一束」と称する章がある。これも、参考資料として、その要点をここに記述しようと思う。

ロシアに在駐していたとき、秘密の友人のA大尉が早朝訪ねてきた。ロシアでは訪問は午後ということになっているから、来客などないと安心していると、突然ベルが鳴り出したので、ドアをあけると黒竜江総督のスポッチ中将が正装で入ってきた。一つしかない客間には大尉がいる。机上のシベリア地図を慌てて洗面室に投げ込み、応待している間に大尉は裏口から倉皇と帰っていった。ひょいと机の上に眼をやると、秘密書類がおいたままになっている。慌ててかくし損ったものである。談雑しながら、いのちの縮むような思いをしたが、中将は帰るまで気がつかなかったのである。

ある夜、諜者とB林の中で密会の約束をして一時間以上待ったが、雨がひどく降ってびしょぬれになってしまったが、Bは大雨のため遂に現われなかった。

クロパトキン将軍の管理部のC少尉が脱走して、ストックホルムにきたことがある。このC少尉はコーカサス人で、日本軍に入って戦いたいと切望していた。政党人の某を介して明石大佐に面会を求めたのである。

会うとズボンの上に外套を着ていて室に入ってきても外套をとることができない。上衣を与えると欣んで着たはいいが、大男なので袖の方はツンツルテンであった。

ある日、田中弘太郎中佐といっしょに、ある男かりにDとしておこう——に会うためその男と親しい某村の村医の家が会合場所となっていたので、そこへ出かけたのである。パリから数百マイル離れたその村の停車場に降りると、もう夕方で車は一台もない。

中佐と荷物を担いで歩くことにした。数丁行くと農家用の馬車があったので、金を与えてそれに乗せてもらうことにした。十数キロで医者の家に着いたが、当の本人は未だ来ていない。医師は、もちろん何のために来たのかわからないので、自分はDの友人であるが、Dが来るまでここで待たせてもらいたいというと、Dの友人は自分の友達であるといい、鶏をつぶしてご馳走を出してくれたりした。

食事中、どうしてDと知りあったかとたずねられ、ともに大学で法律学を勉強し、暑中休暇で旅行したが、ここで会う約束をしているというと、医者に大学の教授は誰かときかれ、返答に窮した。自分は聴講生なので教師が始終交代し、名前が覚えられないというと、そうかとうなずいて別に怪しみもしなかった。とうとうその夜Dは現われずじまい。

客室に寝かしてもらったが、まわりがみんな牛馬、羊豚を飼っているので一晩中、虫や蝿に悩まされ眠ることができず、中佐と交代で起き、一人がおって辛うじてまどろんだ。

また、あるとき田中弘太郎中佐とE事務所で会った。話が午前二時まで続き、門が閉まって出られない、門番が燭を照らして来て、あなた方は日本人ではないか、Eの事務所は人の住むところではないのに深更まで何をしていたか、強いて門外に出るつもりなら巡査の臨検を受けろという。困却しているところにEがきて何とかなだめたので帰ることができた。

また、あるときFに電報を打つのに差出人として名前を出すのは都合が悪いので変名を署名し、児島中佐の老家政婦を使に出すと、帰っていうのに、電話局で差出人の住所姓名をきかれたから、うちに時々来る日本の大佐明石さまの電報と答えたところ、すぐ受け付けたと得意気にいうので、あいた口がふさがらなかった。

今から思えばまさに想像を絶した挿話といわねばなるまい。この呑気というか、ことに無関心の国民が世界中から恐怖の的となったゲ・ペ・ウを創りあげるとは思いもかけぬことではないか。

かつて、コペンハーゲンからバルト海を渡る船員と雑談し、葉巻をやると船員は、憲兵があなたの行動に注意しており、先刻、船に来て行先をきいていたという。その翌日、滝川大佐が同地を通過しついに拘引された。

G政党人が、かつてロンドンの明石の家を訪問し、深更となった。戸外が騒がしいので出てみると、一人の男が巡査と争っている。政党人が仲裁し、巡査に謝って事なきを得たが、喧嘩した男は政党人のボデーガードで、露探が近づいたら殴れとの命令によって、明石の家のまわりを徘徊していたのを巡査に泥棒と間違われ、喧嘩となったのであるが、言葉が通じないためのトラブルであった。質朴なロシアの田舎者はときどきこのような騒ぎをおこす。

いくら戒めてもどうにもならないのであった。

また、Hという男が牢獄につながれていたが、ストックホルムから金を送った者がある。判事は自分が保管しているが、その姓名はカルルミユレルとあるが、その人物の住所とお前の関係を申し立てよという。男はとりあえず親戚だと答え、牢番に手紙を托してきた。手紙にはカルルミユレルという実際の人物を捜し出して自分を救ってくれ、もしカルルミユレルなる人物がいなかったら自分の命はないと書いてある。長尾中佐はいま一人の男と苦心してカルルミユレルを探した。姓名録のなかからようやくカルルミユレルという名前を探し出し、この男に金を与えて救済の方法を講じようと、急いでその家に行くと、カルルミユレルは去年病気で死んだといわれ、ガックリして帰ってきたのである。

Iといういつも金、金、金と金ばかり欲しがる男がいた。例によって金をねだるので、明石大佐は出さないといって、いくらねだっても断わると、その男は怒って、あんたのようなケチン棒とは絶交だとどなるので、明石の方も忘れるなよ、きみが自筆で書いたものはいつも自分の胴巻のなかにあるからというと、その男は明石にとびかかって書面を奪い返そうとする。そこへこの会合に使った家の主人田野が帰ってきて仲裁し、あとはシャンパンで仲直りをしたこともある。

Jという一人の老人がいたが、この男は注意深く、夜陰に乗じツケ髭をして訪ねてくる。ある日、長尾中佐とともにかれの報告を講評したことがある。かれは、これが力いっぱいであって、若いときから生命を賭して流浪してきた。年老いてまた冒険によって金を得るため、虎口に出入する。自分はみずから目撃した結果を報告するだけである。自分を知るものひとり汝あるのみとポケットから拳銃と毒薬を取り出してみせた。

万一逮捕されたとき、拳銃が使えぬかもしれないので、別に毒薬を用意している。至誠死生を賭す、あまり酷評しないでもらいたいという。

Kを訪問するため、約束の日に、その地の停車場に到着すると、夫婦らしい二人づれが近づいてきて、あなたは、Kを訪ねるのではないかときくので、明石は、いや公園を見物してからホテルに行くつもりだが、ホテルを教えてくれというと、ていねいにホテルの方向を指してくれる。そちらの方へ歩いてゆくと、たまたま目的の家の町名と同じで、しばらく歩くと門を開いて手招きするものがいる。ここが目的の家であった。なかに入ると数名が談笑して明石のくるのを待っていた。

さっきの夫婦らしい二人は、この日遠くから来たものでこの土地に面識がないので、明石を迎えに出したのである。これに類する話は多い。

露探Lは、その同僚のXがある書類を持っていることを知ったが、Lが露探であることを知られることを恐れてXに直接交渉することができない。明石は日本人「い」に命じてXにあなたが持っている某書類を買いたい、何日何時Y所で待つという手紙を出させた。この手紙を受け取ったXは、これは露探のLが、自分の誠実を疑いためしているのだと考え、チーフに手紙をみせた。自分の疑いをはらし、誠実さをみせるためである。チーフは考えていたが、指定の場所Yに部下を二名急行、張り込ませたのである。

Lは側できいていて気が気でなかったが「い」に来るなと打電した。幸い電報が間にあって「い」は行くのをやめることができたのである。この書類はのち「い」が入手したのである。

旅行中、かつて公使Mに会ったとき、どこに泊まっているかときかれた、露探は明石大佐がロンドンにいることは知っていてもはっきりした住所を知らず、チャイコヴスキー、ガボン等とクルチヴスキー夫人の家で会合することを知っている。しかし、明石はクルチヴスキー夫人を知らず、専ら、「ア」及び「イ」と交渉していた。

二重スパイ・クルチヴスキーは明石大佐の偽名と信じ、クルチヴスキー夫人に打電して「ア」及び「イ」に、足下のことについて知らせたいことがある。クルチヴスキー夫人は電報をみて怪しみ、明石に示した。Wスパイは、郵便開封は汽車の中において行なうことが多いという。

これまで大胆剛腹だった幹事Nが、去年の夏から神経過敏になり、不眠、食欲不振となる、用談中に薬を飲みめまいがすると訴える。困難に遭遇すると、自分の頭を叩いて煩悶するが、その様子はまるで狂人そのものであった。どうしたのだときくと、天下の事をいかにすべきかと悩むと、狂おしい様子をするが、五分ぐらいたつとケロッと平静にもどり、さっきの狂態は嘘のように忘れている。さっきのことをもう一度きくと、おのずから解決の道は開けていくだろうと、全く別人のような答えであった。

明石大将は自分の回想録『落花流水』の最後に次のように述べている。

ロシアの前途を観察するに、杞憂家と楽天家では多少、その見解を異にするが、畢竟その政府の力を推論するに、軽重の差はあっても、政府は腐敗し、政党は国家主義を脱し、個人主義が次第に発達してきているのは間違いないことである。

ロシアは人口一億三千万の多数を擁しながらも、その一億三千万は数が多いだけで、実力を示すことにはならない。何故なら、ポーランド、フィンランド、コーカサス、バルト沿岸のような被征服地の民はもちろん、ロシア人も各々争っているからである。民間だけでなく、宮中も内閣も内紛が絶えないことは、開戦前からすでに明らかで、これはロシア人の先天的特性ともいえるだろう。

昨年十一月十五日、ロシアびいきのフランスのエコードパリの記者とキリール親王との問答などにもこれを見ることができる。親王は予が侍従武官の職を奪われ、他国に亡命したのは、皇室典範には自分の職を奪うような箇条は無かったにもかかわらず流浪の身となった。予はただロシアの前途を憂うるのみである。

忠誠なる我父王「ウラジミル」は斥けられて、国務大臣は自分らが名をきいたこともない人間ばかりがその席を占めているとうらみ言をいっている。ロシア皇帝の従弟でさえこの有様であるから官吏の収賄と腐敗は広く知れわたっていることである。

このような国政に不平の徒が生まれないはずはなく、ヘステルは刑に臨んで我死すとも後世必ず志を継ぐものあらんと、絶叫した如く、不平不満の空気が起こらないはずはなかった。歴代の政弊がその極に達しただけでなく、さかのぼって考えれば、ロシア帝室は実に脆弱な

基礎の上にたっていたのである。（註、明石大佐は別章において、ロシアの歴史を記述している）

　このような脆弱な帝室、腐敗した政府をいただくロシア国民は馬の如く、羊の如き無智な国民でこの大帝国は荒漠たる牧場といっても過言ではない。

　しかし、千七百年代から南欧に起こった自由の波はあるいはフランスの革命となり、スペインに革命をおこし、イタリア、スイスを犯し、ベルギー、オランダを掠め、ラインを越えて社会主義の潮流は年々、ドイツ帝国を激しく襲ったのであった。

　これがロシアに入らぬはずはなく、ロシアに入ってその様相は形を変え、いっそう険悪となったのである。ツールゲニエフ、バクーニン、チャイコヴスキー等の議論を、ドイツのベーベル、フランスのジョレス、クレマンソー等に比較すれば、よりいっそう激烈であったのだ。

　ロシアは広大な国である。全露に自由と社会主義が伝わったのは、むしろ緩慢であったが、隣邦ことごとく、これに侵されたとき、ロシアだけがその運命を遁れることはできないであろう。しかも、もっとも険悪な政治主義がロシアに蔓延するであろう。

　人民は飢に泣き、愚朦で迷い易く愛国心に乏しいなど、これに応ずる素質にこと欠かないからである。すでに未来のことではなく、現在盛んに伝播しているのである。もはや形式には過ぎなくても憲法が発布され、原則はすでにでき、しりぞこうとしても退くことはできないのである。

もし、自由党の主張する総選挙が早晩行なわれればこれは皇室瓦解のはじめである。なぜなら労働者と農民とにもっとも支持者の多い両社会党は共和政治を目的としていたからである。

今日、ロシアの取るべき方針は抑圧主義のほか方法がない、しかし、政府の力がこれに堪えるかどうかは問題であるだけでなく、すでに憲法制度を布いたため騎虎の勢でこれを変更できず、ただ抑圧主義をとれば一伸一縮の間に、その寿命が延びるというに止まるだけで、この場合にわずかに一道の光明として、自由党が意思貫徹後、満足することが考えられるが、自由党の如く多数の異分子をかかえたものが、このような困難なときにあたって、果たして食い止められるかどうか、はなはだおぼつかない。

ロシアの前途は暗黒である。しかし、すべての学者が論じる如く、ロシアの皇帝政治と威力主義は原則として離れず、両々相俟って車の両輪をなしている。故に皇帝政治の続くかぎり兵力の維持につとめるから、わが国がこれに対する兵備に至っては、決して等閑に付すことはできない。

ロシアの取る手段は常に大胆である。すでに今回の戦役において見られるように、王宮に襲撃を受けない間は、地方の紊乱、官有地の侵害、官有林の横領も、すべて眼中におかず度外視し、百難を忍び、戦線に兵力を出すことに努力することは明なり、不平党はロシア皇帝の国を守り、民を愛するのではなく、自身を愛しその宮城を守るだけの君主であるというがこれは真実であって、王宮を屠られざる間は無理算段して兵を増加するから、我方の兵力の充実は今日以後もっとも緊急を要する。世人は往々バルカン半島の北はロシアに苦痛を与えるというが、苦痛はあっても、ロシアにとって極東における経営を妨げることにはならないと明石大佐は考えるのであった。よって、皇帝政治のつづく限り、日本にとってはこれに応ずる兵力の充実が必要である。

また、今日眼の前の偶然の成りゆきから来るべき結果を考えてもあながち無益ではないだろう。極東から内政のため送還を躊躇した極東数十万の兵を、屯田兵的の情勢に変化させることがこれである。一時駐屯隊の不平を増加するであろうが、自然に国境防備の力を増加することになるやもしれない。いかに腐敗していてもロシアは内地に国境に強大な兵力を有している。

日露開戦前から欧州をかけまわり、謀略諜報の大任を果たし、著名な革命家を利用、これを巧みに操縦し、後年、新しいロシアの建設者レーニンと結んで後方撹乱の実をあげ、その効果は十二、三コ師団、あるいは二十コ師団の戦力にもまさるとさえ評されたのである。明石大佐がその手記の末尾に記した言葉は次の如きものであった。

「これに備うる道を講じないでおくわけにはいかない」

明治三十八年十二月七日、大山満州軍総司令官の凱旋であった。日本国民は狂喜乱舞してこれを迎えたのであった。これに比べ、セビロ姿で、トランク一個を片手にして新橋駅にひっそりと下りたった明石元二郎大佐を出迎えるものは一人もなかった。

第二章　「対伯」機密工作

第一軍の対閻錫山、蔣介石内部紛争工作

陸軍きっての嫌われ者、田中隆吉が、昭和十五年三月少将に進級し、第一軍参謀長に補職され、太原軍司令部へ着任したのは二十三日であったが、かれが中心となって、百川閻錫山と接触し、停戦協定を結ぶと同時に、和平の基本協定を成立させたのであった。

対伯の伯は、閻錫山の号である。閻は、〝山西の虎〟と呼ばれ、日本陸軍士官学校出身で、山西モンロー主義をとなえ、常に、以夷征夷を自己の主義方針として生きてきた。一体、この工作の真の目的がどこにあったかといえば、昭和十二年七月七日、支那事変の勃発以来、すでに三年になんなんとして、ますます泥濘の深みにはまり込んでいく、事変解決の糸口をここに摑もうとしたのである。

支那軍閥のなかで、もっとも大ものといわれていた閻錫山は、すでに、二度も蔣介石と争った前歴もあり、蔣の腹心でも子分でもない。いうまでもなく、軍閥一方の雄である。この

閣を、日本軍の陣容に引き入れ、蔣介石陣営の中に亀裂を生ぜしめ、支那事変を有利に解決しようとする工作に外ならなかった。

ただこの工作が、田中の発案かどうか疑わしいというのは、常に事件を惹起する側の謀略家たる田中が、事変の解決を計ろうなど、その性格からみて眉つばと考えたく思うのは独り著者ばかりではないだろう。

それはともかく、この工作は是非成功させたかった数少ない機密戦略の一つであったのだ。

参考のため、当時の国民政府の軍首脳を列記しておこう。日本が、敵として戦っていた全陣容である。

軍事委員会　委員長　蔣介石
総参謀長　李宗仁
第一（軍令）部長　徐永昌
第二（参謀）部長　白崇禧
第三（政訓）部長　黄琪翔
第四（軍訓）部長　何応欽
第五（運輸）部長　俞飛鵬
第六（宣伝）部長　陳果夫

各戦区司令

総司令　蔣介石

第一戦区総司令　程　潜

第二戦区総司令　閻錫山

第三戦区総司令　顧祝同

第四戦区総司令　何応欽

第五戦区総司令　李宗仁

第六戦区総司令　朱紹良

第七戦区総司令　張発奎

第九戦区総司令　陳　誠

第十戦区総司令　張治中

昭和十二年十一月、日本軍の太原占領直後からこの対閻錫山工作はすでに、行なわれていたのである。昭和十五年十二月。田中隆吉は兵務局長に転出し（楠山秀吉少将―16・12）、第一軍司令官（六月二十日親補）の岩松義雄中将、参謀長（十二月一日補職）花谷正少将、情報主任参謀笹井寛一中佐の手によって、対伯工作は本格的に進められたのであった。

笠井中佐は、昭和十九年三月大佐に進級したが、それ以後も、全くこの工作推進の中心人物となっていたのである。

昭和十六年十二月八日、大東亜戦争の勃発にともない、この工作は積極的に推進され、翌十七年二月以来、緒戦の日本軍の眩惑的な華々しい勝利は、閻錫山をして、日・中合作に期待する気運を醸成していたのであろう。元来、親日知日的な閻第二戦区司令官は、日本軍と積極的に戦うことより、むしろ、和平を望む風に傾斜していたといえよう。

この工作は、起伏曲折の末、結実はしなかったというものの、しかし、不可思議なムードによって、終戦に至り、終戦後は、逆に、閻錫山側が、日本軍への合作を要請するようなかたちとなって、元泉馨少将の塁兵団（独歩十四旅）の閻軍協同作戦による対共戦闘の凄愴な敗北が、昭和二十四年に幕を閉じる日まで続くこととなるのである。

この工作は、日中の人間交流と、思想交流とに、深いくさびを打ち込み、深い流れとなった。我々の記憶に残る事件ということができるのである。

すでに冒頭に書いたように、昭和十五年、当時、第一軍司令官篠塚義男中将（終戦二十年九月自決）時代、停戦協定は、実行されていたが、基本協定の方は、諸般の事情、蔣介石との関係等があって、なかなか実現しそうにはみえなかったのであった。

日・閻合作の理念と、閻錫山の合作後の地位とか、あるいは山西軍を如何に扱うか、その処遇問題など、双方にとって重大な懸案があってである。合作をどのように進めるべきかも、決して容易な問題とはいえないが、もっとも難問題は、供与条件にあったのだ。

閻の面子上、帰順という言葉が悪いのなら、日本軍と政略戦略上の合作を実現するために、

先方が要請している条件は、
　軍資金　日本金百万円
　　　　　法幣百万元
　外　　　約十五コ師団分の軽重火器及び火砲
ということになっていた。

右は「戦史室」ならびに、笹井貫一元大佐、稲葉戦史編纂官より得た資料によったものであるが、軍資金「日本金百万円」について、山崎重三郎方面軍参謀（当時）によれば、誤りであり、中国聯合準備銀行券百万元であり、「法幣百万元」（これは著者も些さか少なすぎると思っていた）は、法幣二千万元の誤りであり、これは先方の要求ではなく、山崎参謀によれば話し合いが成立したとき、こちらから進呈するつもりの金であり、自分が一切を準備したので記憶に間違いないということである。

また「外」の項は初耳で、そんなことがあったかどうか、自分は知らないということであった。

なぜ、戦史室公刊戦史「北支の治安戦」の中に、山崎参謀のこの手記が取り入れられていなかったのか、いずれにもせよ「対伯工作」（「北支の治安戦」刊行前、私が対伯工作を発表したことが問題となったが）に山崎手記を添えることができたことは、公私の「対伯工作」の真実さを深め、いっそう重味を加えることになると自画自讃したいところである。

金はともかくも、といっても、当時の金の日本金百万円と法幣百万円という金がどれほどになるか、稲葉正夫中佐の「昭和二十年度機密費運用及配当計画」を一見するだけで瞭然たるものであろう。

まして、目下、敵として戦っている側に、十五コ師団分の軽重火器及び火砲を供与するという一事は、実現困難な条件であった。鹵獲兵器を閻軍に供与するというのならまた別であったろうけど。

日本軍にとっては困難極まる条件であり、閻錫山にとってはよだれのたれるほど欲しい条件であった。以後、閻工作の最大の難関となったのは、この兵器にあったのである。

昭和十六年後期――やがて、大東亜戦争が開始され、超非常時に入る時期ともなってくると、困難はますます加わってきた。

第一軍岩松義雄軍司令官、花谷正参謀長という陣容が、新しく、この超非常時を、山西において迎えることとなった。閻工作の兵器弾薬供与の件はさらに困難を極めることになった。それに反比例して、ますます必要なる和平策であった。ただ、緒戦の日本軍の勝利が、右すべきか、左せんかと山西軍に微妙な動揺を与えていた事実を忘れることはできないのである。

笹井中佐参謀は、この対伯工作に対して、二人の軍首脳を、類のない名コンビと呼んでその活発なる工作の促進ぶりをたたえているのである。

当時、北支方面軍（司令官岡村寧次大将―16・7、参謀長・安達二十三中将―16・11）から茂川秀和中佐（19・3大佐）が、太原に派遣されてきて「茂川機関」と称して、この「対伯工作」に協力することとなったのである。

笹井中佐は、昭和十六年十二月に、太原に着任し、第一軍の軍情報主任を命ぜられたのであった。中佐は、対支情報も、まして、対支謀略など、全く無経験であり、素人も素人ズブのアマであったと述壊している。軍司令官、参謀長の指導をうけ、手をひいてもらいながら、この工作に参画したと語っているのである。

第一段階として、いずれも日本の留学生として、日本語に堪能な、楊、曲、田などという若手処員を手足とし、閻錫山の女婿である梁延武を処長として、太原に閻錫山の『辨事処』が設置されることとなった。

閻側の、これが窓口であった。日本の機関と、辨事処の建物は隣り同士で、辨事処には、通信手が常時待機し、日中の往復は一日何回となく行なわれ、意志、思想の交流をはかったのである。

山西省長には、閻錫山の旧部下である蘇体仁が、その政務をとっており、北京では、梁延武の叔父である梁上椿が『対伯工作』の仲介の労をとることとなった。

蘇省長の日本語は、日本人はだしの巧みさ、それもばりっとした標準語の会話であった。

大東亜戦争が、昭和十六年十二月八日勃発すると、この工作は俄然、活発化することとなったのである。再三書いたように、緒戦の輝かしく、驚異に値する勝利が、中国人の心に大きな影響を与えずにはおかなかったのである。日本軍の輝く栄光と武勇に傾倒するものも多かったのである。

軍司令官と、閻錫山との間に交わされる親電は度重なり、日閻合作の理念の確認が相互の心の交流を深めていったのである。大東亜戦争の輝かしい勝利と、世界情勢は、日本軍との協定によって黄河々畔に逼塞している閻錫山出馬の時期到来を、信じさせたようであった。

昭和十七年二月頃のことであった。

閻第二戦区総司令は、集団（方面）軍司令の趙承綬大将（日本敗戦後対中共戦争において、隷下第七十三軍長、第二十七師長をともない中共軍に投降した、あの趙承綬であったが、この時は閻軍中、有数の将軍であった）を、太原へ派遣したのである。

この一事をみても、閻錫山がいかにこの工作に熱意を示していたかがわかるのである。かつ、対閻工作は、ここにおいて、一歩前進したことは明白であった。

ここで花谷参謀長は、北京に出向くと、北支方面軍と交渉して、閻錫山出馬の打ち合わせを行ない、蘇体仁を、北京の有力な位置につけて、工作を前進させるための、扉を大きく開く――役割を果たさせようとしたのであった。

すでに、この時、軍資金の日本金百万円は北京に到着していた。

蘇体仁が、中央の教育庁長の要職についたのは、その直後、たしか三月頃のことであった。これは、一度、閻錫山が出馬した場合、閻を北京に迎えいれるための、一段階が、完全なかたちで準備されたことを示すものであった。

しかし、閻錫山も、国府きっての巨星であり、かつては蒋介石と、その勢力を争って、二度までも戦ったほどの男である。その上、中国人として、古風な面子を重んずる将軍であっが妥当であろう。

何といっても、山西省を押さえ、太原城に司令部をおいている第一軍の軍司令官との会見、忌憚のない意見の交換、意志の疎通が、まだまだ必要であったのだ。

しかし、今の閻錫山は、何といっても蔣介石の下位にたっていた。国府の軍事委員長で、全戦区の総司令官は蔣介石であった。その閻が、敵であり、山西を占領している日本軍の軍司令官と会見することに対して、気を兼ねているのは無理とはいえなかった、場合によれば、いや、場合によらなくても、裏切りとみられる可能性十分であるからだ。

しかし、日本側の熱意ばかりではなく、準備万般を合作一点にしぼって調えている周囲の、趙承綬、蘇体仁、梁上椿を始めとして、辦事処の若手たち、閻の側近の勧誘によって、ついに、岩松軍司令官との会見を応諾することとなった。

もし、この会見が首尾よく成功すれば、国府軍随一の将帥と、その隷下山西軍が、日本軍の一翼となるのである。これは、中国の中心に、内側から、反蔣の有力な拠点が形成されることになり、日本軍にとっては、戦略上、非常に有利な立場を占めることができるのであった。さらに、蔣・国府軍の内部に、有力な反蔣軍が生まれ、ただでさえ苦戦の、抗日戦が、物心両面にわたって、窮地に追い込まれることになるのである。

会見の場所は、山西軍区城内ということに話がつき、安平村という無名の小村が、その場所として選ばれたのである。

先方の条件として、この会見は、あくまで極秘にしてほしいとの要望があったのである。無理からぬことであった。会見の結果がどうなるのかわからないのに、会見の秘密が保持されなければ、閻錫山にとっては、大変なマイナスになるからである。

しかし、会見をうけいれたということは、合作が八十パーセント、いや、それ以上、可能であることを示していたと考えてよかった。日本軍としては、会見地において、法幣百万元を与えるということ、もし、交渉が妥結した場合、直ちに、日本金百万円を渡すという確約を与えたのだ。

安平村という場所は、山西省の西南、郷寧の南方にあった。安平村という村は、地図にもないので、郷寧の位置を示しておくと、第百十四師団司令部（但し一一四Dは昭和十二年新設、昭和十四年八月十二日廃止、昭和十九年七月十四日さらに新設、終戦時まで）所在地となった臨汾から、東西に一線をひいた、その線上の真西にあたっていた。

閻錫山の本拠は、克難坡といい、その郷寧の西の黄河々畔にあったのである。

総軍参謀であった三笠宮が、太原に派遣され『対伯工作』の進展状況を聴取したのが、四月のことであった。いかに、この工作に、軍が期待をかけていたかが想像できよう。

ここで、国府軍――というより、中国軍隊編成について、おおよそのことを述べておこうと思う。

日本でいう分隊を班という。班の上は排、これが小隊で、小隊の上の中隊を連という、一連、二連といい、連長というから、一連隊、二連隊、連隊長と間違え易い。戦時中、日本の連隊は聯隊とかいた。昔は、日本軍は聯という文字で、中国では連という字で区別がついたが、今日は全て、連であるため間違いやすい。

中隊の上の大隊を営という。営長すなわち大隊長である。連隊が団である。これも団長というと旅団長かと思うが、連隊長である。

旅は、旅団であり、師は師団であるが、歩兵師団の人員は少ないとき七千ぐらいから、多いとき一万一千ぐらいの師もあり、日本軍の戦時一コ師団の約半分の兵力。

師団長は、日本は中将が原則で、終戦間際に数名の新鋭師団長は少将を当てたが、アメリカ始め、中国など、大体、師団長は少将、ときに准将。

師の上に軍のあることは、日本と同じであり、たいてい軍が、四、五千ぐらいの軍直轄将兵をもっており、その上が、日本では方面軍で、これを集団軍と呼んでいた。これも直轄五、六千を握っている。集団軍の上は、ふつう司令長官部といい、その最高指揮官を、司令長官と称していた。

米軍の場合は些さか異なる。Army Group（方面軍）、Army（軍）、Corps（軍団）、Division（師団）、Brigade（旅団）、日本と違い、師団と軍の間に軍団がある。

現在の編成は、重火器、機械化が進歩し、兵力が減少する傾向が著しい。

天遂に人に勝たず

いよいよ、安平村における岩松第一軍司令官と、山西の虎閻錫山との会見が決定をみたのである。蘇、梁の二人の辦事処員と、茂川機関の茂川中佐が準備委員というわけで、会見所へ先発した。

さて、合作出発前、太原においては、会見の主役、岩松軍司令官を中心に、盛大な祝賀会が開催されたのであった。これは、山西側に対して、この合作工作に、日本軍が、どんなに熱意をこめているかを、印象づけるためのものであった。だからこそ、非常に盛大な宴を張って衆目を驚かしたのである。

方面軍からは、安達（二十三）参謀長が特に派遣されたのである。

岩松軍司令官、花谷参謀長、笹井中佐、軍専属副官の一行は、山西軍の案内で、会見場に指定された安平村に向かったのである。すばらしくいい天気であった。

笹井中佐は、百万円の小切手を肌につけて持参した。法幣百万元の方は、十余頭の駄馬に積み込んで運ぶこととなった。

この一行は、第三十七師団（師団長長野祐一郎）隷下汾西支隊（支隊長佐久間盛一少将）隷下の警備隊によって護衛されていたのである。しかし、その警備隊は、相手を刺戟しないため、まことに僅少の兵力であった。

軍司令官一行は、敵地区を、この僅少の警備隊にまもられて、目的地に向かうことについて、少しの不安ももっていなかったのであった。すでに、幾度となく、閻との間に親電の交換があって、山西軍を信頼してもいいということがわかっていたからである。

しかし、汾西支隊は、自分らの軍司令官一行に、万一のことがあってはならない。接触のうすい支隊においては、軍のようには山西軍を全面的に信用することができなかったのも無理とはいえなかった。万一のことでもあれば、警備の任を命ぜられた支隊の責任は決して軽くないからである。

秘かに、後方との連絡や、無線で緊密な連繋をとり、非常兵力の配置については、師団独自で、細心の手配を講じ、万一の裏切り、ゲリラの襲撃に備えていたのである。戦時中、軍司令官、参謀長が敵中を往くのである。軍の頭脳だ。師団としては当然の処置であったろう。しかし、誤って相手を刺戟しては、この重大な軍の工作を台無しにしてしまうこととなる。師団の気の使いよう、全く頭の痛い任務であった。

安平村に近づくと、後年の、剿共総司令趙承綬上将（大将）が、閻錫山の代わりに、軍司令官一行を出迎えにきていた。合作の前途は、趙大将の明るい顔でもすぐわかった。

迎える方も、迎えられる方も、希望に輝いているような雰囲気が感じられたのだ。

会見の場所は、この無名の一小村の洞窟家屋という陰気さにもかかわらず、日・中の司令官の会見は敵味方というような緊迫感もなかったし、厳粛なうちにも、十年の知己の再会にも似たなごやかさが漂っていた。

もう、いろいろ、合作の具体的な事項を語りあったり、その理念について論議する必要などはなかった。すでに、何回となく往復した親電によって、また、仲介者によって談合され、デスカッションされた末の、本日の会見であり、かつ、この会見の前夜には閻錫山自身と、軍参謀長が、直接電話で話しあったのであった。だから、完全に合作について、その思想の一致をみていたのである。

後は、両首脳が、手さえ握れば、万事はそれで完了するのであった。

休憩に入り、しばらくたって、会見は再開されたのであった。

岩松軍司令官、花谷参謀長の明るい顔は、閻錫山大将が、手を差しのべるのを待つばかりの様子であったが、どうしたのか、会場に入ってきた閻の態度は、さっきとはガラリと変わっており、ひどく落ちつきを失っていて、突然、会見を中止するといいすてると、そそくさと引き上げてしまったのだ。

日本側は、しばらく茫然として、狐につままれたというのはこの時のことをいうのであろう、ただ啞然とするのみであった。閻錫山の理由のわからぬ、礼を失した態度に、岩松軍司令官も憤然と顔色をかえたが、平常、癇の強いことで有名な、一癖も二癖もある花谷参謀長にいたっては、顔をまっ青にして激怒している。

閻の態度急変が、何によるのか一向にわからないのだ。理由のわからないということは、たった数分前まで、長時間をかけて積み重ね、ここまできたのだから余計憤慨の度は激しくなる。

今日まで、東奔西走して、この工作に挺身してきた笹井中佐や、茂川中佐など、憤慨するどころか、茫然自失のていであったのだ。

後日、左のような理由であったのではないかと、思い当たることがないために、強いてあれこれと想像をめぐらせて、これが理由に違いないと推定されたが、これが真の理由かどうか、遂に、今日にいたっても真因を発見することはできないのである。

それにしても、たったそれだけの理由で、この永年の工作がこわれるなどということは、全く理解に苦しむところであるといわねばなるまい。落語のオチのように愚にもつかぬことで、一軍を代表する最高指揮官同士の話しあいがかくももろく崩れるとは。

しかし、言葉というもののおそろしさは、そのようなものかと著者は思うのである。今日これをきく人は多分一笑に付するかもしれない。

それは、会見も順調に進み、あとは供与実行の段階だけとなったとき、茂川中佐が、はずんだ大きな声で「ホウヘイ前ッ」（法幣前へ）と命じた。後方においてあった法幣を、閻錫山側に引き渡すため、こう下令したのである。合作成功に、はずむ心はつい元気いっぱい号令口調ともなったのであろう。

しかし、日本の陸士を卒業し、日本語のわかる閻錫山始め、他の幕僚も日本語はうまいばかりに、「砲兵前ッ！」と聞きちがえたものであったろう。

まことに話としてはできすぎるほどうまくできている。だが、そんな風に推理されては、わざわざ茂川機関までつくり、方面軍から派遣されて、笹井中佐らとここまで苦心してきた工作が、自分の、欣びの余り発した一語のために、あえなく崩れ去ったのだといわれては意気消沈せざるを得ない。見るも気の毒なくらいであった。

九仞の功を一簣に欠くとは、このことをいうのであろう。

法幣を砲兵と聞き違えることも、日本人と中国人の相違から、ありそうなことではあるし、馬背に積んで、後方においてあった法幣を、会場の閻将軍の前に運べと命じた、軍人口調も、善意の過失という外はなかろう。

だが、茂川中佐のために、今一つの理由として想像し得る点をかいておくことが、せめてもの慰めとはならないであろうか。

「ホウヘイ前へッ」だけが、工作不調の原因であるとは、どうしても考えられず、考えたくもない。そこで考えられる一つの点は軍司令官警備の任に当たった三十七師団が、極秘極秘といいながら、やはり、閻側の神経を刺戟するような警備態勢があったのではないだろうか。直接、この工作に従事せず、この合作の重大さを知ることのない、師団の隷下部隊にとって、いかに隠密裡にといわれても、自分らの軍司令官、参謀長を警護するという責任の重大性の方を、より強く考えることも無理とはいえなかったであろう。

まして、停戦協定は成立しているとはいえ、目下交戦中の国府軍の一翼とあってみれば――である。

しかし、突然異変の原因は暗中模索、不明のまま、今日にいたっているのである。

その後、閻錫山から軍についた手紙の末尾は「天遂に人に勝たず」という文句で結ばれてあった。

閻錫山も、中国きっての将軍かもしれない。しかし、山西を押さえている、日本軍の代表者、軍司令官、軍参謀長と、数年がかりの合体工作を、ホウヘイ前ヘッの、たった一語で、ご破算にさせ、放っておくわけにはいかなかった。閻錫山工作は、太原占領とほとんど同時、昭和十二年末から行なわれていたのだ。

中国人としての面子は百パーセントたてている。山中まで、軍首脳二人が出向いているのだ。

軍としては、最大限に、閻の面子をたててきた。こちらの面子はまるつぶれである。憤慨するのは当然であった。

太原に戻った首脳の怒りは次第に濃くなった。閻錫山に誠意なしと認めざるを得なかったのだ。もはや問答無用である。直ちに、対山西軍作戦を決定したのである。

一方、武力制圧を加えると同時に、山西軍地区への強力な経済封鎖を断行したのである。第一軍は、常に用いる言葉どおり、断乎として山西軍に強圧を加えたのである。

しかしながら、一方、後日のために辦事処の存廃だけは、閻錫山側の意志に任すと、軍の意志を表示した。辦事処の人々は、合作を希望していた。従って、太原から引き上げないといい、こちら側も、後日のために存置することを認めることとしたのである。

武力を行使して、山西軍を制圧しようとした第一軍は、まず、汾陽方面から包囲作戦を企図し、たちまち、山西軍を敗走させると、二コ師団長と、指揮下の将兵三千とを捕虜としたのであった。

また、山西軍は、かつて日本軍と停戦協定を結び、山西西南地区に退いていたため、この南方地区の稷山方面には、山西軍の主力が駐屯していた。この方面の山西軍にたいしても掃滅作戦が敢行され、山西軍の徴糧拠点は、わが軍の手で完膚なきまでに叩かれ、山西軍の糧道は完全に絶たれた上、包囲鐶を厳にして、山西軍の蠢動を封殺したのである。

閻の根拠地は、徹底的に爆撃し、ために閻錫山は陝西省へ逃避しなければならなくなった。軍は、さらに、閻錫山がもっとも苦境におちいるであろう謀略作戦に出たのである。閻錫山と、第一軍との間には、過日の会見に対しては、あくまでも秘密を保持するという申し合わせがあった。

その約を日本軍は破棄したのである。

岩松軍司令官と、閻錫山とが、日の丸の旗、青天白日旗を背景にした会見場で、握手している記念写真を複写して、陝西方面へ、飛行機で撒布したのであった。蔣介石と、閻錫山の離間策のためであった。

さすがの閻錫山も、このれっきとした証拠写真の伝単を各所にばらまかれ困惑したことは想像以上であったろう。閻は日本軍の不信を怨んだ。しかし、日本軍の方にしてみれば、閻の支配地城まで、軍司令官、参謀長が、生命の危険を顧みず出向き、閻要請の軍資金日本円と法幣を運んでいるのである。その前日は参謀長と閻は、親しく電話で合作の大筋の話しあいまでしており、了解点に達したため、安平村という指定の場所まで出向いているのである。

幾度もいうように、交付の直前になって、突然、席をたって雲がくれした閻の不信について、何らの説明がない以上、日本軍でなくても、何らかの手を打たざるを得なかったであろう。閻が怨むのは筋違いといいたかったのだ。

終戦の年には、臨汾には第百十四師団（師団長中将三浦三郎）が駐屯していたが、この頃は、第六十九師団（師団長中将井上貞衛）が主体となって作戦した。

全山西軍を掃滅することは、今の日本軍の実力なら問題はなかった。が、その広範な地域を所在兵力で、警備確保することは余裕もないし、戦略上有利とは考えられない。

また、あまり完璧に掃滅してしまっては、確保もできない。となれば、その間隙を、得たり賢こしと、共産軍に突かれる憂がある。共産軍のために空家をこしらえてやる愚は避けなければならなかった。従って、適当なる掃討で済ますということにせねばならなかった。

この作戦は、十分の効果を挙げることができたのである。軽火器と弾薬の戦利品は多かったし、経済封鎖も、時日がたつに従って、山西軍を窮乏に追い込む成果をあげ得たのである。

例の暴露伝単の方は、相当こたえたものとみえる。蔣介石の方に、どんな弁解をしたかはわかっていないが、日本軍が、会見についての秘密保持を約しながら、破ることは信義にもとると、閻錫山から非難とも悲鳴、愚痴ともつかぬ手紙が、第一軍司令部の方にとどいたのであった。

後年、中共軍の大攻勢の時、徐向前ら四十余万の大軍で山西の各要地が包囲され、危険に瀕した、その直前、来原した蔣介石総司令官に対して、閻第二戦区総司令は、台湾への逃避を希った。しかし、蔣介石は冷然と、ただ一言「太原死守」と命じたという。あの日の閻錫山の寝返り未遂が蔣介石をして閻に冷たく当たらしたのではなかったか？

閻錫山は、長い間かかって、日本軍と接触しながら、みすみす一円の軍費も得ることができなかった。もし、合作が成功していたとすれば、日本金百万円、法幣二千万元。さらに場合によれば、十五コ師団分の火器を手に入れることも或は可能であったかも知れず、山西における共軍との戦局も変わったものとなっていたかもしれない。もっとも、後年実例にてらして、あっさり武器をもったまま寝返る中国軍とあっては安心できないが、金も兵器も手に入れることなく、その上山西軍を粉砕され、経済圧迫で息の根をとめられたばかりか『その肚を見すかされ、苛酷な報復をうけ、全く、進退に窮し』（笹井大佐）、再三再四、哀願してきたが、日本軍はさきの豹変に信用せず『残酷なくらい』これを拒絶しつづけ、許そうとはしなかったとある。さもありなんである。永年、熱意と誠意をこめて、ことを運んだ日本軍との合作を、わずかホーヘイ前への一語——と思う外なく、もし他にあるなら、その理由を告げるべきであるのにただ〝天遂に人に勝たず〟と、自己の変心について記さず、笹井大佐（当時中佐）の手記によると、

「もし、わが誠意を疑ってやまないのであったら、われは黄河に身を沈め、わが民衆にわびねばならない」

とも書いてきたという。ますます、崩れ去った合作の真因が奈辺にあったか、日本軍としては理解することも、推理することもできなかったのである。その後、辨事処員も、閻錫山

の哀願を伝えてきたのである。
しかし、茂川機関は、合作失敗のあとは、北京へ帰還し、笹井中佐がそのあとを引き継いだ。辨事処を通じての諸施策は、十七年の後半も継続されていたのである。
笹井中佐は、前の戦闘で捕虜となった山西軍を、有効に政治的に利用することに、新たな熱意を傾けることを始めたのである。それは出発点は異なってはいたが、満州国の満州国軍のようなものであった。
二コ師（師長二人、副師長二人）将兵三千を、山西剿共軍として新設したのである。その目的とするところは、
㈠、対山西軍の内部切崩し、工作の基盤とする
㈡、わが地区の剿共に協力する
㈢、情報的利用
この新しく生まれた山西剿共軍に対して、軍の参謀部が主体となって、育成に力をいれたのである。後には（昭和十七年末）方面軍から宮本中佐以下数名の指導官が派遣されてきて、笹井中佐の主管の下で、新山西軍の強化育成につとめることとなったのだ。
この相互援助の作戦行動は、終戦後、直ちに逆となり、日本軍が閻錫山の直轄山西軍へ相互援助の返礼をせねばならなくなったとしても不思議ではなかったような気がする。
第一軍における新設山西軍の立場は、閻軍における日本軍――終戦その日から三年間、山西省にあった元泉兵団（元泉馨少将を旅団長とする独立歩兵第十四旅団）は、閻錫山の懇請

あるいは半ば強要によって、日本帰国を諦め、山西省に留まって、山西の治安回復のため戦ったのである。

山西剿共軍は、山西省長の指揮下におかれ、大義名分をたてることとした。

吉本貞一（後大将、終戦後自決）軍司令官が新任するや、この山西剿共軍の観閲をうけることとなり、つづいて、安達二十三参謀長（終戦後自決）も太原において、これを閲兵し、その成長を讃えたのである。

昭和十八年秋。

宮本中佐以下の指導下に、沁源地区において、山西剿共軍は、掃討戦に参加し、また、同軍は、太原郊外に駐屯するまでに育成され、信頼を博したのである。その中の一師は、沁県に配置されて、日本軍とともに、警備の分担をさせられるまでに成長していたのである。

昭和二十年に入ると、情勢は、今までと推移変化してきていた。日本軍の警備地区の関係上、山西剿共軍二コ師は、すべて日本人にも知られている娘子関のすぐ西、陽泉地区の警備の任につくこととなったのである。この山西剿共軍の創設と成長とは、閻錫山直属の山西軍切崩工作に、大きな効果をあげ、閻錫山に脅威を与えることとなった。

かれらは、家族を駐屯地に呼ぶことを許されていたのである。このことは、山西軍の将兵に大きな影響を与え、山西剿共軍に帰順合流してくるもの、希望者が、次第に増加してきたのである。

対伯工作は失敗したとはいえ、双方に交流はあったのだ。たとえば物々交換、交易である。閻錫山側においては、衣料、塩、砂糖などの欠乏に悩み、非常にそれら物資を欲していた。また、わが軍は桐油を欲した。この有と無とを交換しようではないかというような話が、実現することとなったのである。

この第一回は、昭和十八年春、臨汾の西方、わが軍の警備線の古城子で行なわれた。笹井中佐と、辦事処員、それに六十九師団の情報主任山下参謀が立ち会って成功を収めたのであった。井上貞衛第六十九師団長も、この物々交換の現場を視察したのである。

表面は、敵味方にわかれてはいたが、内側においては、このように有無相通じ、共産軍に対しては、日本軍と旧山西軍とが手をとりあって共同作戦を展開していたのである。他地区においては、対日戦に、国共協同で作戦するというのに、ここでは逆で、日中軍が反共作戦に協同していたのであった。

笹井中佐は、昭和十九年三月一日付で大佐に進級し、第一軍の高級参謀（作戦）となり、代わって市川参謀が情報主任として、辦事処との連絡に当たることとなったのである。

笹井大佐は、昭和十六年十二月から、昭和二十年五月、山西を去って新任務につくまでまる三年五ヵ月の長期にわたって、山西にあって、対伯――対閻錫山工作の第一線で活躍をつづけたのであった。

さて、これを書き終えた数年後、終戦時、大本営参謀支那班長であって、当時は第一軍参謀・山崎重三郎中佐から「古い日記風のものが出て来ましたので御笑覧に供します」と部厚い「戦陣雑感」（従軍の想い出）が送られてきた。氏の了解を得て「対伯工作」の末尾に添えた前文中欠如の部分を補わして貰うこととする。

閻錫山将軍との会見（山崎重三郎参謀の手記）

昭和十七年晩春のころである。

山西省に於ける我軍は、その西南部山嶽地帯に退避し残存しつつあった閻錫山将軍麾下の山西軍を包囲し、これと相対峙しておった。両軍ともに主なる攻撃を中共軍に指向して、その進出を阻止破摧することに力を注ぎ、山西軍対我軍は互いに侵さず侵されざる関係にあること四年有余、両者間に一種の不戦同盟が暗黙の裡に諒解されていた。

大東亜戦争の緒戦に於て挙げた戦果を活用して、山西軍をして一挙に江精衛政権側に同調参加せしめ、従来の黙契をして公然のものたらしめ、更にそれを重慶側に公開宣伝して蔣系軍の戦意を喪失せしめ、事変解決に資せしめたいという我方の願望は、この頃、盛んに唱えられていた。

陸軍省兵務局長という現職のまま、この和平工作の主役を買って出た田中隆吉少将がはるばる山西の現地へ渡って来たのは前年秋であった。

彼は傲然として太原の連絡所に陣取り、閻将軍派遣の使者を応対した。その高圧的な、そして傍若無人さに呆れたか、腹を立てたか、我等が切角辞を低くして迎へ入れた使者――それは山西軍内に於て名実共に一、二位の地位にある楊愛源・王靖國上将（著者註、大将）等の直接派遣になるものであったが——はこの態度に面くらい、早々にして引き揚げて仕舞った。従ってここまで切角好調に向っていた彼我の精神的紐帯もここで断ち切られ、和平工作もアッサリ幕を閉じて仕舞った。

後年、田中少将談の中に、ここの場面が出てくるが、

「自分に委せておけば、工作は円満に妥結したであらうに、当時の現地軍の理解なき妨害は事を破綻に導いた云々」（著者註、本稿末尾参照）とあるのは明らかに誤りであり、事実は、その反対の様に思われる。

（著者註＝まさにそのとおりである。田中隆吉は明白に自分の失敗や過誤を率直に認める男ではない。ないばかりか、自分の失敗や過誤を他に転嫁するのは彼の得意中の得意芸である。武藤元軍務局長が自分が刑死したら田中の奴呪い殺してやる＝まさかそんな下卑な言葉を口にするとは思われないが＝しかし、間もなく気がおかしくなり、死ぬまでものに脅えていたと聞いている）

斯くて田中少将は東京に帰り、局面は又新しく組み直しをせねばならなかった。

これに代って登場したのは、在太原第一軍司令官岩松義雄中将と同参謀長花谷正少将であった。

昭和十七年晩春、再び双方の意志が相通じ、閻錫山将軍は我方と会見する為、自身出馬することとなった。これが所謂「安平村の会見」である。

我方は、前記二将軍の外、北京方面（北支方面？）軍参謀長たる安達二十三中将、主任参謀茂川秀和中佐、同じく筆者（少佐参謀で主として金櫃輸送と宣伝担当）その他二名の合計七名（著者註、他二名の一人は笹井寛一中佐のこと？）で、臨汾まで汽車行、それから先はトラック及び乗馬によって洞穴の村、安平村へ入った。

先方は、閻錫山上将（当時第二戦区総司令）従うものは、軍司令、幕僚を併せてこれ又七名、吉県（第二戦区司令部所在地、黄河々畔）から早朝馬を駆り山中を縫ってやって来たという。

午前十一時、双方の顔が揃ったところで握手をかわし、なごやかな空気のうちに会談が進められた。

まず、花谷参謀長が立って、東亜一般の情勢をのべ、志を同じくするものは互に提携協力して新中国の建設に当たるべきことを説いた。

これに対し、先方側は閻上将が自ら立ち上がった。そしてかねてから持論たる亜州同盟論を一席弁じ、お互いは「内政自理」「外交一致」の基本理念の下に結合し、反共救国に進まねばならぬと語った。

その論旨は、堂々たるものであり、その態度は実に見上げたものだった。つづいて昼食となり、祝杯をあげて双方手弁当を拡げ始めた。午後は、停戦協定についての細目打ち合わせをやって調印という段取りになっていた。

しかるに何故か、閻将軍は昼食了るや直ちに帰還すると言い出した。驚いた我方は大童になって引き留めたが一向に聞き入れない。

彼の幕僚も二言、三言何かつぶやいてこれを留めていたが、忽ち、将軍の一喝にあって引っ込み、何が何やらわからぬうちに、一行は引き揚げて仕舞い、残された我々も亦、やむなく引き返すこととなって、この会見は遂に調印を見ることなく双方立ち別れの場面となった。

この会見で感じたことは閻将軍の偉大な統制力である。彼は、幕僚や部下将領の意見には殆んど耳を傾けず、その差し出す原稿にも目もくれず、自ら立ち上がり自らの意見で発言している。部下の将領幕僚たちとは貫禄が違いすぎていた。

これは、何事もまず幕僚や部下の意見をたずねた上で、徐々に発言するを以て将帥の美徳なりとする我軍の慣習とは凡そ異っていた。又、もう一つは数年間、山中の洞窟に潜っていながら世界情勢に対して新知識をもっており、その判断は極めて適正であることであった。

しからば、何故に、ここまで来ていながら、最後の一瞬になって遂に調印が不成立になったか、その原因は今以てわからない。次の様に想像する人がいた。

すなわち、当日、我が方から閻錫山将軍に引出物として贈るべき中国法幣二千元を積んだ駄馬従列も長くなるし、且護衛兵も少なくはない。遠方から眺めれば砲兵縦列と見誤ることもあろう。もし、そうだったら飛んだ番狂わせになったものだ。

当日、金櫃輸送を指示し監督した筆者の不手際が原因だったかも知れない。

この紙幣の行列は何のお役にも立たず、北京に引き返し、また、もとの方面軍司令部衛兵所の片隅におさめられ、その後、永く眠っていた。

しかしながら、この会見にまで漕ぎつけたということは、山西軍工作としては大成功であり、たとえ調印出来なかったにせよ閻将軍自身が出馬して来たということが、爾後の工作を進める上に数知れぬ程の便益を双方にもたらした。

このの ち、山西軍の連絡者は公然と太原の連絡所に往来するようになり、彼我第一線の衝突も殆んどなくなった。そして、山西軍の二ケ軍は、間もなく我軍の警備区城内に進駐してきて、共同防共の配備についた。

あるいは、閻将軍は、最初から亜州同盟論を一席弁じたら、すぐ帰る予定で出馬して来たのかも知れない。

午後の細目協定、次いで調印などということは、万事キマリをつけておかねば承知出来ない我々の杓子定規的考えと、これに同調した先方の幕僚たちとの間だけで勝手にきめておいたことで、閻将軍の意図ではなかったかもしれない。

なお、「対伯工作」なる呼称について、次のようなハガキが山崎中佐からとどいたので、付記しておく。

『冠省只今は電話にて失禮致しました。お元気な御夫婦のお声に接し大慶の至りに存じました。対伯工作の名称の由来は電話で申し上げた通りですが、閻錫山の号を百川といっているので、その百をとって対百工作としていましたが（昭和十三年頃）百ではすぐに暴露されて仕舞うというので、茂川さんと相談して百を伯に変えたのでした（昭和十六年）

（理由）漢字の百は一寸作り変えれば伯になりますし、両者の発音はいずれもポ（ＰＯ）です。附記＝安平村の会談決裂後、その会見の場の写真（著者註、口絵写真、「岩松第一軍司令官と閻錫山第二戦区総司令の握手」参照）を宣伝に、大々的に重慶地区へ空中撒布しようという意見がありましたが禁止しました。これは相手の立場を考えてのことであり良いことでした。然し方面軍の右意図に反して下部で少数ながら写真が流れたことは遺憾でした』

第三章　「F」機関

藤原岩市少佐の対印工作

昭和十六年七月二十五日、アメリカは在米日本資産凍結令を公布し二十六日には、イギリス、フィリピン、二十七日には蘭印も凍結の措置をとり、二十八日には日本軍が南部仏印へ進駐した。八月一日、アメリカは対日航空機用ガソリンを禁輸した。すべて情勢が戦争への道につながっていたのである。

このようなとき、参謀本部第八課において、報道宣伝業務を担当していた藤原岩市少佐は、バンコック行を命じられた。任務はマレイ方面に対する工作の準備であった。タイ公使館付武官田村浩大佐を補佐し、情勢が悪化して日英戦争が始まることになった場合、近く編成される南方総軍参謀に補任されて、マレイ方面の工作を担任する予定となっている。工作のために数名の将校をつける。

この命令は、謀略課たる第八課勤務の藤原少佐にも寝耳に水の感があった。報道を担当して新聞記者や放送関係者に会う機会の多い藤原少佐には、機密漏洩を恐れてか、課内の工作についてのくわしいことは知らされていなかったので、命令を伝えた門松中佐の言が唐突に感じられたのであった。かすかながら工作にかかわりのあると思われる事件は、前年暮れ、熱烈な反英独立運動の志士・シーク族の三名が、反英運動で香港の刑務所に抑留されていたが、脱走して広東の日本軍司令部にかけ込んだのである。そしてこの三人はそれぞれインド本国、ベルリン、マレイに潜行し、同志と連絡して反英独立運動をつづけたい、日本軍の保護によって、できればバンコックに、できなければ仏印に送り届けてもらいたい、そのあとは歩いて目的地にいく、と歎願した。

広東の第二十一軍参謀長から参謀次長あてに右の内容の電報が届いた。三名の志士の名は記載されていなかったが、独立運動の志士であることは確実であると付記されている。

第八課では評定のうえ、上司の許可を得て返電を打った。広東の日本軍において更に素性を確かめ、好意をもってできるだけ希望にそうようにと指示したのである。この電報を打ったあと、広東の第二十一軍から、例のインド人三名を神戸行の船に乗せたから、参謀本部でしかるべき処置をとられたしとの電報が届いた。(著者註、二十一軍は十五年二月十日、南支那方面軍と改称。司令官安藤利吉中将、参謀長根本博少佐)

この三名のインド人をバンコックに届ける役目が藤原少佐にまわってきた。補佐として小岩井大尉が命ぜられ、藤原少佐は、日本側がこの三名に特別の要求も期待もしていないことを確かめ、バンコック行の船便を探しはじめた。バンコックの田村大佐にも三名がバンコックに着いたとき、秘かに安全に上陸できるように手配を依頼しておいた。

ようやく三井物産の石田礼吉常務の好意によって三井丸という三井物産所属のバンコックに米を積みに行く船に乗せてもらうこととし、小岩井大尉が神戸で警察関係、船長と緊密に連絡、協力をうけて神戸港で三名を夜の闇にまぎれ、はしけで船から船へ乗り移らせることができた。

かれらは日本軍の援助に感謝し、万一、イギリス、タイの官憲に発見された場合、自決して日本軍に迷惑はかけないと悲愴な覚悟を示していた。灼熱の船倉にひそみ、バンコックに到着後田村大佐の配慮によって、はしけ人夫に化けて夜中上陸し、田村大佐の宿舎において休息した。

田村大佐から、三名が無事到着したとの電報をうけたとき、日本側は、この三人に対して何の期待も持たず、ついにその名前すら知ろうとしなかった。三人に対し、かれらの隠れ家をたずねた田村大佐に、

「ＩＩＬというインド解放と独立をめざすシーク族の秘密結社があり、バンコックの本部にはアマールシンという老指導者がいて、書記長の若いインド人プリタムシンが補佐している。香港、上海、東京、サンフランシスコ、ベルリンなど各地に同志がいる」

と語った。日本側の好意に感謝し、かれらは同志のところへ向かったのであるが、数日後、牧師風の長身のシーク人の青年が田村大佐を秘かに訪れた。これがプリタムシンでこのときはじめて、ＩＩＬと日本軍が接触したのである。

藤原少佐とＩＩＬとのか細いつながりは、三名のインド人の密航の手伝いだけであったが、なにか宿縁めいたものも感じられた。また藤原少佐は、近代戦における工作は支那で行なわれたような術策を弄する秘密の取引よりも、堂々と思想戦を展開することが重要であり、対象は特殊の個人ではなく、大衆を重視すべきだとの意見を持っていた。

少佐はこれまで工作、謀略についての知識、経験がなく、英語もマレイ語もインド語も駄目であった。異民族相手の工作に言葉が通じぬということは、致命的なマイナス材料である。白川課長、武田班長にその任でない旨を述べたが、英米と戦争になった場合、第八課は工作の端緒にもついていないでは困る。全責任をもって工作を行ない戦争の役に立たねばならない。田村大佐がベテランであるからその指導をうけ研究せよと説得され、任務をうけたのである。

藤原機関のメンバーは、第八課から藤原岩市少佐、山口源等中尉、第六課の中宮悟郎中尉、陸軍中野学校の土持則正大尉、米村弘少尉、瀬川清少尉、滝村正己軍曹、通訳東京外語インド語科石川義吉の八名。

九月十八日、藤原少佐以下は、杉山参謀総長から訓令を与えられた。

「貴官らはバンコックに出張し、泰国駐在武官田村大佐のもとにおいて、主としてマレイ方面の工作特にインド独立連盟及びマレイ人、支那人らの反英団体との連絡ならびにその運動の支援に関し田村大佐を補佐すべし」

との趣旨であった。

杉山参謀総長は大尉時代インドに駐在、マレイに派遣されたことがあった。総長は藤原少佐に、

「日英戦争が勃発した場合、日本軍の作戦を容易にし、日本軍とマレイ住民との親善協力を促進する準備にあたっては大東亜共栄圏の建設という見地に立ち、インド全局を注視し、将来の日印関係を考慮して仕事をすること、英印軍内のインド兵は種々の種族があり、英軍当局はインド人が反英策動ができぬよう、各種族が互いに索制するよう、巧妙に配合した編制と、指導を行なっていることを留意し、しっかりやってくれ、大いに期待している」

と訓示した。

バンコックに潜行するための研究がつづけられ、藤原少佐と山口中尉はバンコック日本大使館嘱託、米村少尉はタイランドホテル（日本人経営）のボーイ、土持大尉は大南公司社員、中宮中尉は日高洋行社員、滝村軍曹は武官室書記ということになった。

九月二十九日、藤原少佐と山口中尉は背広姿で羽田を立った。途中飛行機のなかで山口中尉が盲腸となり、同乗していた辻政信参謀も手伝い台北飛行場から衛戍病院に運び手術して生命拾いしたのである。

藤原少佐は一人でバンコックへ到着した。宿舎タイランドホテルは、日本人経営のため言葉に不自由しないという利点と、顔見知りの日本人に出会う危険性とがあった。万一、身分がばれたら万事休すである。うかつに食堂などには出られなかった。

翌朝、田村大佐の宿舎で藤原少佐は、朝からウイスキーソーダを出されて打ち合わせをし

たが、田村大佐は酒びたりともいわれ、また酒で任務をカムフラージュしているのだともいわれていたが、朝のウイスキーは藤原少佐の緊張をほぐすのに役立った。

田村大佐はバンコックの情況を説明した。バンコックは今やイギリス、アメリカ、中国、ドイツのスパイが鎬を削っており、泰国政府は各国の動向に神経を尖らせている。防諜には特に気をつけなければ、われわれの任務が駄目になるばかりではなく、日本の作戦準備が暴露するおそれがある。泰国政府のなかにも親英派があるため、泰国政府の態度が微妙に変化することなどであった。

また、ＩＩＬとの連絡、田代担当の華僑工作、神本のハリマオ工作の指導が藤原少佐の当面の任務であり、ＩＩＬのプリタムシン、田代、神本に近日中に引き合わせるよう手配するが、特に日本人に注意するようにといい、言葉の点は熱意と努力があればと、力づけた。

田村大佐は、南方ことに泰国の事情に精通していた。昭和三年六月から六年十二月までフィリピンに潜入。中佐時代の昭和十一年八月から十三年六月まで泰公使館武官、十四年八月から十七年三月まで二度目の泰公使館武官を務めた。その間ホンコン駐在など南方勤務が多く、昭和十九年十二月俘虜情報局長官、二十年四月中将となった人である。

十月十日ごろ、ＩＩＬ書記長プリタムシンと藤原少佐の初会見が田村大佐の宿舎で行なわれた。大佐の通訳による話し合いではあったが、お互いに信頼し、誠意をもって協力することを誓いあった。

プリタムシンは独立闘争には実力行使を必要とするといい、遠くベルリンに亡命中のチャンドラ・ボースの独立運動に期待し、ボースを尊敬していた。

インドの国民会議派が、独立のために列国から援助をうけることを喜ばない理由は、前門の狼を追い払って後門の虎の餌食になることを恐れているためであると説明した。日本の工作も、かれらのこの警戒心に留意し、利用されているとの印象を与えぬことが大切である。

プリタムシンは独力ではインド独立に力が足りず、外国の力をかりざるを得ない実情について苦悩していたのである。

この会見においてプリタムシンと藤原少佐の間には信頼が生まれ、心が通じた。

このあとの会見は秘密保持のため場所を変えることとし、人目につかぬインド人の家が選ばれた。日本人学校の教師大田黒がシンガポールからバンコックにきていて、これが通訳となった。ホテル住まいの危険も適当な借家が手に入り一応解消したが、タイランドホテルにボーイとして働く米村少尉はもちろん、そのままホテルに残った。かれは器用にボーイの役をこなし、誰からも怪しまれてはいなかったのである。

藤原少佐の焦慮は、いつ、開戦になるかもしれぬ現在、工作が具体的な段階にほど遠く、田代、神本とまだ会えず、大部分の部下はバンコックに着いておらず、東京で十月上旬開戦となるかもしれぬと聞かされてきたが、今はすでに十月中旬である。工作が緒につかぬままに戦争となった場合にあった。

プリタムシンとの会見には、反対方向にかなり歩き、乗物を二回乗り換え、ずっと手前でおりて歩いて行くという細心の用心をしたのである。当然の行動ではあったが……。

熱帯の耐え難い暑さのなかで、二人の密談がつづいた。バンコックにはＩＩＬのほか、穏健な国民会議派系のバンコック大学スワミイ教授などのインド人団体があった。これはＩＩＬと反目関係にあることがわかった。次第に藤原少佐はプリタムシンの運動がイギリス軍内のインド兵に及んでいないことが判明し、あせりを覚えた。

いかにかれが日本の開戦を切望するが如きことを漏らしても、真相を話してきかせるわけにはいかなかった。ただ、イギリス軍内のインド兵への働きかけをすすめるのみであった。

プリタムシンは、いつか日英戦争が勃発したとき、日本軍の援助をうけ、イギリス軍内のインド兵、タイ、マレイ、ビルマの同志とともにインド独立軍を創設して戦い、また、ＩＩＬの運動を世界的に展開すると希望を語っていた。

かれはＩＩＬとベルリンにあるボースへの連絡、東京放送を通じて反英独立のための対インド放送についての協力を依頼するのであった。

帰途も前同様二度乗物をのりかえて帰宅した。これらのことはすべて田村大佐に報告し、田村大佐から大本営に報告された。プリタムシンは南タイに出張し、いれかわりに神本、田代がバンコックに現われ、華僑工作は期待薄であることが判明した。

盲腸を手術した山口中尉、土持、中宮らがバンコックに到着し、それぞれの配置についたのを機に、ひんぱんに深更まで任務達成の方法が検討された。

一世紀にも及ぶイギリスやオランダの政治は、巧妙な策略と物資にものをいわせて現地人を束縛し、懐柔していた。これを打ち破るに、日本の貧弱な経験、陣容、準備ではとうてい歯がたたないのだ。かれらに誠をつくし、強制や干渉、利用などをしてはならない。かれら異民族の自主的運動を支援する形で誠意をもって任務にあたること、これが工作についての方針であった。

プリタムシンは南タイから帰り、藤原少佐に運動の報告をした。藤原少佐はインド民衆及び指導者の日本観をただした。

プリタムシンは、日本の宣伝の拙劣さを第一にあげた。朝鮮、台湾の植民地政策、満州、支那における日本の軍事行動ならびに政策は侵略行為とうつり、一般インド人には日本という国は好戦的、侵略的国家と映じていると語り、重慶、英米の報道により、日本軍の中国における略奪、暴行、残虐行為をインド民衆は憎悪しており、インド人の性質は中国人に比して、これらの政策、軍事行動、非道行為に対する憎しみが非常に強いことを教えてくれた。

藤原少佐は、これらの宣伝が誇張されたものであると釈明したが、反省し是正すべき点の多々あることを率直に認めたのであった。また、日本民族の美点についても多くの例をあげて説明したのである。

日印両民族提携の理想は、支配も搾取も圧制もなく、共存共栄する東洋哲理の一体観に立つべきであるとの見解が一致した。お互いにこの理想実現のために闘うことを誓いあったのである。

会見は夜明け近くまでつづいたのであった。

日本軍とＩＩＬ

昭和十六年十月十八日、東条内閣が成立した。四月にはじまったハル国務長官と野村大使の日米交渉は、行き詰まって打開の方法も見出せそうになかった。十月五日には極秘のうちに連合艦隊に作戦準備が下令されていた。

バンコックの空気も切迫した感があり、藤原少佐の憂慮は、目下工作の準備が進展せず、プリタムシンに具体的な計画と準備を促進させようとすれば、日本の情況、日本軍の動向も説明しなければならないが、万一、日本軍の作戦企図が洩れた場合にあった。

プリタムシンは日本の動きに鋭い直感を働かせており、少佐にこれを確かめようとするのであった。もちろん、かれに打ち明けられるわけはなかった。しかし、二人は信頼と友情によって結ばれ、そのことのために感情の齟齬をきたすことはなかった。

諸般の情勢から、開戦となったときマレイ内部のインド人やイギリス軍内インド兵の積極的な策応を、との大本営の要求は無理であると判断せざるを得なかった。

ＩＩＬの活動及び組織は、日本側が期待しているほどには浸透しているとは認められず、インド人は日本に対してよい感情を持っているとはいえなかった。

この不利な現実にたって、いかにして計画を達成させるかについて、藤原少佐は心を砕いた。わずかに成功の可能性のある構想は、開戦と同時にＩＩＬを支援して、敵の線内に挺進し、直接に英印軍内で同志を獲得することであった。その前に急速に泰、マレイ在住のインド人民衆にＩＩＬの組織と運動を拡大しなければならなかった。ＩＩＬの運動は、英印軍のインド兵とインド人民衆との二つに必要であった。

インド兵に対する工作は、インド兵捕虜を庇護し、ＩＩＬの思想、日本の真意を理解させ、インド独立義勇軍、インド国民軍の早期結成を促進する。インド民衆に対しては、戦乱のなかにある民衆を助け、ＩＩＬ運動に参加するよう努め、次第に敵勢力範囲のインド民衆にもＩＩＬの組織を拡大する。また、東亜全域のインド人に及ぼすには、ＩＩＬならびにＦ機関の情熱と誠意が必要である。

それにもまして日本人が、現地のインド人ならびにインド兵捕虜に対して非法行為があってはならなかった。生命、財産、自由を庇護することが必要である。このことを日本軍に徹底させるにはかなりの努力を要すると思われた。

ＩＩＬに関して種々の問題があるほかに、田代担当の華僑工作、神本のハリマオ工作の指導、マレイ青年同盟（ＹＭＡ）との連絡も藤原少佐の任務であった。

ＹＭＡは、反英地下運動を志すインテリ無産青年の秘密結社であった。シンガポール総領事館がこの結社にコネがあった。ハリマオ以外に、マレイ人に対する手がかりがなかったＦ機関は、この団体に期待をもったのである。

Ｆ機関員はつねに不安につきまとわれていた。工作活動をタイ国官憲、英米、支などのスパイにかぎつけられはせぬかとの恐れであった。Ｆ機関の長として藤原少佐がもっとも配慮を怠らなかったのもこのことについてであった。

十一月二十八日朝、徳永大使館補佐官に密談があるといわれたとき、ついに日ごろの心配が本当になったと思った。しかしそれは藤原少佐の杞憂であったが、話の内容はもっと重大なことであった。

「日米交渉はついに絶望状態となり、開戦は十二月上旬。田村武官、藤原少佐のマレイ方面工作は、開戦とともに南方軍総司令官寺内大将に引き継がれ、さらに寺内大将から第二十五軍司令官山下中将の区処下に工作を実施すること。藤原機関長及びメンバーは南方軍総司令部に転属され、さらに第二十五軍司令官のもとに派遣されこれを担任する」

開戦はついに動かすべからざる現実となったことを藤原少佐は感じた。工作の具体的方策も急を要する。開戦と同時に南タイに駆けつけるために、補佐官に飛行機一機の準備を依頼し、急據山口中尉がプリタムシンとの会見を手配したのであった。

F機関当面の工作は、マレイ方面であったが、バンコックを本拠として活動する現在、タイ国の動向は重大な影響力を持つのである。

日本軍は開戦にあたりタイ国に平和進駐するための準備は、坪上大使、田村大佐の努力によってほぼ成功とみられてはいたが、タイ国の複雑な政情がからみ、楽観を許さなかった。万一、タイ国の態度が逆転した場合を考えると、藤原少佐はいても立ってもいられないような気がするのだった。日本人はことごとく抑留され、当然、機関のメンバーも抑留され動きがとれなくなるからだった。その心配をなくすためには、バンコックからサイゴンに移り、軍といっしょに南タイに上陸するという方法もあるが、IILのメンバーを連れて行けない致命的な難点があった。
　三菱支店長社宅におけるプリタムシンと藤原少佐の会見において、少佐は米英の攻撃をいつ受けるかもしれぬ危機にあることを告げ、日本軍もマレイを攻撃目標に準備しつつあることを仄めかした。意外に時期が早くくるかもしれぬため、具体的計画を四日間にわたって協議した。従来からの思想の一致によって、両者の構想はほとんど合致したが、作戦の推移は予想できぬため、覚書は抽象的なものとなった。

覚　書

　われわれは、次に列記する事項を理想とし、準拠とし、全力を尽くしてその具現に挺身奉仕することを相互に誓約する。
一、われわれの協力は、日印両国がそれぞれ完全なる独立国として自由かつ平等なる親善関係を成就し、相提携して大東亜の平和と自由と繁栄とを完成することを終局の念願としてなさるべきものとする。
二、IILは、印度の急速かつ完全なる独立獲得のため、対英実力闘争を遂行するものとする。これがため日本の全幅的援助を歓迎するものとする。
　ただし、日本は印度に対し領土、軍事、政治、経済、宗教等にわたり一切野心を有せざること、いかなる要求をも持たざることを保証するものとする。
三、ＩＩＬは種族、宗教、政党を超越し、反英独立闘争の念願において一致するすべての印度人を抱擁するものとする。また第一項の趣旨に基づき、作戦地域の他民族と印度人間の親和協力を推進するものとする。
四、日英戦争勃発に伴い、ＩＩＬは差し当たり左の運動を展開するものとする。
(1)、ＩＩＬは、日本軍と共にまず南泰、マレイに前進し、ＩＩＬを同地区に拡大し、同地区一般印度人および英印軍内印度人将兵に対し反英独立闘争気運を高揚し、かつ日本軍との親善協力気運を醸成するものとする。
(2)、ＩＩＬは、なるべく速やかに英印軍内印度人将兵およびマレイ地区一般印度人中より同志を糾合し、印度独立義勇軍を編成し、将来の独立闘争を準備する。
(3)、機をみてＩＩＬの前二項運動を東亜の他の地域に拡大するものとする。
五、日本軍は、前各項ＩＩＬの運動を成功に導くため、左の支援を与うるものとする。
(1)、日本軍は、作戦上とくにやむを得ざる場合のほか、その作戦地域ならびに勢力圏におけるＩＩＬの自主自由なる活動を容認し、かつこれを保護支援するものとする。
(2)、日本軍は、藤原機関（仮称、開戦と同時に正式に編成される予定）をして日本軍とＩＩＬとの間の連絡ならびに直接援助に当たらしめ、ＩＩＬの運動遂行を容易ならしめるものとする。
(3)、日本軍は、作戦地一般印度人ならびに印度人投降者（捕虜を含む）を敵性人と認めざるのみならず、同胞の友愛をもって遇し、その生命、財産、自由、名誉を尊重するものとする。

またその信仰を尊重するため寺院を保護し、日本軍の寺院使用を禁ずるものとする。これがため作戦軍将兵にその趣旨を普及理解せしめ、その実践の徹底を期するものとする。

(4)、日本軍は、ＩＩＬの宣伝活動を有効ならしめるため、東京放送局ならびに占領地放送局の利用、バンコック放送局の利用斡旋業に協力するものとする。また敵勢力圏に対するＩＩＬの宣伝資料撒布に関し、日本軍は飛行機をもって協力するものとする。

(5)、日本軍は、在ベルリンのチャンドラ・ボース氏との連絡を斡旋するものとする。

(6)、ＩＩＬの活動に必要な資材、資金等は、特に必要なるものはプ氏の要請に基づいて日本軍において準備するものとする。またＩＩＬが作戦地城印度人有志よりこれらの自発的供与を受けるを妨がざるものとする。

このような田村、プリタムシン間のメモランダムの案を作製すると共に、更に次のような事項を協議した。

(1)、開戦直後、バンコックにあるＩＩＬ及び藤原機関のメンバーは、日本の準備する飛行機により南泰に前進する。

(2)、IILは覚書の趣旨に添う宣伝資料を準備する。
(3)、敵との識別を明らかにし、かつIILメンバーの戦場における自由かつ安全なる活動を保証するために標識を決定し、これを日本軍将兵に徹底させる。
(注)この標識については、種々談合の結果、プリタムシンの発意により、日本軍将兵の諒解が容易で、しかもフレンド・シップ・フリーダムの頭文字であり、かつ藤原少佐の頭文字である「F」を標識として採用することになった。
(4)、IILの南泰進出と共にIILを組織し、かつマレイ地区に数組の宣伝班を派遣し、英印軍印度兵及び英軍勢力地区一般印度人に対する宣伝を遂行し得るごとく準備する。

十二月一日夜、この覚書は日英両文をもって作成され、田村大佐、プリタムシンが署名した。覚書の写しは、ただちにサイゴンにある南方軍総司令部及び第二十五軍司令部に提出され、認可ならびに諒解を得、大本営陸軍部にも送付されたのである。
このころ、マレイ進撃のため陸海軍は海南島に集結し、海軍は真珠湾奇襲のため行動中であった。

大本営電報

十二月四日午後、X日は十二月八日予定との大本営電報がバンコック日本大使館にはいり、泰、仏印国境には近衛師団が待機していた。

マレイ攻略軍の船団が、マレイ英空軍とシンガポールを根拠とする英極東艦隊に洋上で発見された場合、山下兵団壊滅という最悪事態も予想され、動向の定まらぬタイ国がたちまち日本の敵となることはいうまでもないことであろう。

大使館は、タイ国が英国側についた場合には、十二月八日、海陸二正面より進駐する日本軍が到着するまで、武装して籠城する覚悟をきめ、バンコックにいる在郷軍人を防備に予定していた。

同日の大本営命令により、かねて内示通りマレイ工作は、南方軍船総司令官寺内大将の手に移った。大将はこれをマレイ方面作戦担任の第二十五軍司令官山下奉文中将に区署し、藤原少佐は南方軍総司令部参謀に、F機関メンバーは南方軍総司令部の一員に転補された。南方軍総司令官は藤原少佐及びそのメンバーを第二十五軍司令官のもとに派遣、マレイ工作に関し、山下中将に区署する権限を与えた。これによってF機関は短期間の準備段階から実動期へはいったのである。

ハリマオ等を開戦とともに国境内に潜入させるよう、南タイの工作員は指令をうけた。マレイ青年連盟からはなんの消息もなかった。一方、親日家のマレイ、ケダ州のサルタンを通じ、他の州のサルタン及びマレイ人に対する親善協力の工作は、サルタンを排撃せんとするマレイ青年連盟とは相容れぬ微妙な関係を生じる恐れがあった。

十二月七日午後、タイ国政府に対し日本軍進駐を要求する最後通牒を出すこととなっており、十二月七日はまた、日本軍の大船団がタイ湾にはいるもっとも危険な一日でもあった。

タイ国首相ピブンが進駐を受諾することは、ほぼ間違いないと判断されていた。しかし拒否することもあり得るのである。

七日午前九時ごろ、ピブン首相失踪の報がもたらされたとき、日本側は色を失った。田村大佐の日泰親善工作は、水泡に帰したかに思われた。失踪の理由は、タイ国外務省課長が、近衛師団の将校にスパイとして国境において逮捕され、暴行をうけたためであるというが、その通りには受け取れぬ行動であり、もっと深い政治的意図に出たものと推測された。

七日の午前中失踪とは、なんとなくできすぎの感がなくもなかった。重大事態を予知して逃避したのではないかとの疑いが藤原少佐の胸中を掠めた。また、近衛師団将校の軽率な行動は、国際的教養に欠ける単純な愚行であり、この種の日本人の行動が、日本の植民地及び中国において、どれほど根強い憎悪を住民に植えつけたかを当の日本人は知らないし、考えてみようとさえしないのだと少佐は憂うる。

田村大佐は、大本営、陸軍省、南方軍、第二十五軍に事件を報告すると同時に、関係者の処置、タイ国政府への陳謝と今後の厳重な措置を要請したのである。

ピブン首相の行方を探すことに必死の努力がつづけられた。七日夕刻までに探し出さねば重大な破綻を生じるのである。

坪上大使は、タイ国政府に対し、日本政府より数時間以内に重大な、タイ国の運命を左右するが如き交渉が行なわれる予定である。早急にピブン首相を探し出すよう要請した。しかし、午後となっても首相の行方は依然不明であり、日本側は焦燥と絶望にうちのめされていた。

ビブン首相抜きのまま、交渉が開始されたのはすでに夕刻であった。坪上大使官邸における タイ国閣僚との交渉は、独裁者ビブンがいないため閣僚は確答を与えようとはしなかった。ビブン首相行方不明のまま夜が明けた。バンコックの不穏な情報がつぎつぎにはいってくる。「バンコックに上陸した日本軍がタイ警察隊と衝突」「各国境において日泰両軍衝突」「タイ国軍隊行動開始」と両国の衝突を告げていたが、バンコックは不穏ながら深刻な状態ではなかった。

ラジオが宣戦布告その他の重大ニュースを発表し、日本人が興奮に包まれているとき、大使官邸からビブン首相出現と交渉成立の報告が機関にはいり、昨夜来の不安は一掃されたのである。

十二月十日、藤原少佐及びそのメンバーとプリタムシン一行は、南タイ・シンゴラ飛行場に到着し、シンゴラ郊外に位置する第二十五軍司令部に出頭挨拶した。英極東艦隊のプリンス・オブ・ウェルズ、レパルス二隻を轟沈させたニュースを杉田参謀からきいたあと、藤原少佐は参謀長鈴木少将の指示を受けた。

田村、プリタムシン覚書に基づきIIL運動に重点をおくこと、マレイ青年連盟及びハリマオを通してのマレイ人への工作、田村大佐の華僑工作、英軍退却に当たり各州サルタンを救出保護、スマトラ住民を日本軍に協力させること。

参謀長の指示は、スマトラにまで及んでいたが、十一人のメンバーしか持たぬ藤原機関の手に負える任務ではなかった。それに自動車一台、兵一名さえ与えられなかったのである。メンバーの土持大尉が二台の小型自動車を買っておいたのをプリタムシンに一台与えた。これで工作を開始したのである。民間人数名、二名の台湾青年、タイ国人二名がF機関への協力を申し出てきた。

藤原少佐は、口さきの宣伝よりも実行によって示し、約束したことは必ず守ること、誠意、親切、情義をもって接すること、衣食住はかれらの風習に従い、暴力行使、住民所有物の不法取得を厳に戒めた。また、IILメンバーとは生死苦楽をともにするよう訓示したのである。

ついでプリタムシンとこれから展開される活動の方法について協議したのであった。

まず、第五師団主力の進路にIILの宣伝班を派遣し、F機関から中宮、山口中尉外二名が同行してアロルスターの戦線へ出発した。

土持大尉がIIL本部として二階建住宅を町外れに準備し、F機関本部は大南公司の小さな店の一部をあてていた。プリタムシンはIIL本部にインド国旗をかかげたのであった。IIL本部バルコニーでプリタムシンは熱弁を揮い、インド人二百人以上が熱狂的拍手を送っていた。

十二日、第五師団はアロルスターを占領、F機関は第五師団司令部がスンゲイパタニーに出発直前アロルスターにはいり、警察署にIIL本部、F機関本部を設置した。山口、中宮工作班はすでにインド人将校はじめ俘虜インド兵五名を教育して自信を深めていた。

ケダ州サルタンの救出、王宮ならびにサルタン一族の邸宅を日本兵の侵入から守るなど、任務は山積していた。プリタムシンは本部前に集まったインド人、マレイ人に熱弁をふるい、通訳つきの演説ながら群衆は歓呼をもって応えたのである。

アロルスター近郊の裕福なゴム園経営者のインド人が、プリタムシンに情報を持ってきた。ジットラー近郊の戦闘の際、英印軍の一大隊がジャングル沿いにアロルスター東方のタニンコに脱出、退路を探しているが、アロルスター占領を知り、士気喪失している。イギリス人中佐の大隊長のほかは全員インド人将兵である。園主はかれらに帰順工作を行ない、戦況を知らせ、IILの宣伝を行なったという。

藤原少佐はプリタムシンと十四日朝、説得に出発することにしたが、山口、土持らメンバーは出発を中止するよう要請し、どうしても行くなら少なくとも日本軍護衛兵、F機関メンバーの同行が必要であると力説した。しかし、少佐はこの情報を司令部に報告することを禁じた。討伐に兵を出すことを恐れたからであった。

十四日未明、藤原少佐、プリタムシン、土持大尉、大田黒通訳は武器は一切持たず自動車で出発した。自動車はゴム園のなかの道を走りつづけたが、逃げ遅れた敵兵がゴム林にとり残されている。

ゴム園主は一行を喜んで迎え、食事を出して歓待した。少佐はイギリス大隊長に対し、会見を望むとの手紙を、使者に持たせ出発させた。使者に当方は無武装ながら、大隊長は護衛兵を同伴してかまわぬと伝えさせたのであった。

大隊長は伝令一名をつれゴム園に到着した。

藤原少佐は大隊長と握手、コーヒーをすすめたのち会談にはいった。戦況を説明し、これ以上ためらうことは部下を無益に犠牲にすることであると説得したのである。インド人将校に投降の意のあることを指摘し、武士道精神によって投降将兵を遇することは、本日の自分の態度によって信じてもらいたいとも話したのである。

大隊長は長い沈黙ののち、投降を受諾した。少佐は兵力、装備を確かめ、大隊長は降伏文書にサインしてこの会見は終わった。

少佐はインド人将校に投降を知らせ、IILのプリタムシンとともに、友好を結ぶためにきたと通訳に宣言させた。

全員集合、点呼、武装解除、患者の措置に対して、四人の中隊長のうち、際立って鮮やかに能率的に確実に行動する将校が一人いた。大隊長に対する態度も立派であり、少佐やプリタムシンに対しても敬意と友情を表わしていた。

かれの名はモハンシン。のちにINAの創設者インド国民軍の生みの親ともなった人物であった。このとき英印軍の大尉で三十歳前後、少佐の眼はこのシーク人将校が、強い意志をもつ情熱と英智を秘めた青年であり、同志たるべき人物であることを見逃さなかった。

アロルスターのIIL本部への帰路、多数の潜伏していたインド人敗残兵は、つぎつぎに道路に現われ帰順してきたのである。

インド国民軍結成

藤原少佐一行がアロルスターに帰着したとき、日本軍は英軍を追撃していなくなり、中国人がマレイ人などに掠奪を受けていた。市民の生命財産を守るため、藤原少佐は捕虜のモハンシン大尉に市民を保護させようと考えた。自身の責任において棍棒と手錠を使用させ、七百八十名のインド兵を率いたモハンシン大尉は、たちまち街の秩序を回復し、少佐の信頼に応えたのである。

このとき以来、日本軍将兵はＦ機関を信頼し、インド兵に信愛の情を持つようになってきた。また、中宮中尉はケダ州サルタンを救護し、各地の工作班、ＩＩＬの活動により敗残インド兵が続々ＩＩＬ本部に集まってきていた。

モハンシン大尉指揮下にインド兵は自由に起居し、警察宿舎がインド兵宿舎となり、モハンシン大尉が整然と統率していたのである。順調に工作が進展しているとき、コタバルにおいてインド兵に宣伝工作中の瀬川少尉が敵弾によって戦死した。Ｆ機関最初の犠牲者であった。

藤原少佐、プリタムシン、モハンシン大尉三人の討議が徹宵行なわれたが、モハンシン大尉は日本の植民地統治、中国における政策及び軍の行動について、かつてのプリタムシンと同じく非難し、国民会議派の同意支持なくしては独立運動は成功の可能性はないとして、Ｆ機関、ＩＩＬに直ちに同調する気配はなかった。

Ｆ機関は、ＩＩＬ組織の拡張、コタバル方面の瀬川少尉の後任、各州サルタンの保護、マレイ青年連盟への連絡等、任務は多く、人手不足であった。メンバーには疲労の色が濃くにじみ出ていた。このとき通訳として、第五師団の通訳将校国塚少尉、シンゴラ領事館にいた伊藤の二人が加わったことは非常に役に立った。二人にインド兵捕虜の世話、モハンシンとF機関の連絡が任せられた。

二人は命令どおりインド兵と起居をともにし食事も同じものを食べた。かれらはたちまちインド兵と仲良くなっていた。

藤原少佐提案の、F機関、IILメンバー、モハンシングループのインド人将校、下士官全員によるインド式会食は、インド人将兵にはかりしれない影響を与えた。かれらは捕虜とともに同じ食事を食べ、談笑した日本人将校によって従来の対日悪感情をいっぺんに解消したのであった。藤原少佐の信念が勝利を占めたというべきであろう。F機関メンバーとインド兵は戦友の如くつきあっていたのである。英軍倉庫の軍需品も少佐の独断でインド兵の宿営地に運び込ませていた。

この間、多忙な少佐とモハンシン大尉は連日討議をくり返していた。そして互いに信頼の度を深めていたのであった。モハンシン大尉はチャンドラ・ボースを敬慕しており、かれを東亜に迎えることができれば、東亜の全インド人はかれに従い決起するであろうと信じていた。

チャンドラ・ボースはすべてのインド人に信仰といっていいほど景仰されていたのである。少佐はこのことを何度か大本営に報告し、関心を促した。チャンドラ・ボースは当時ドイツに亡命しており、ドイツはボースを手放すことはなさそうであった。日本は大東亜共栄を提唱しながら、東亜の民族運動に対して理解を持っていたとはいいがたかった。

少佐とモハンシン大尉は何度か会談し、大尉は慎重に考慮をつづけていた。

杉田参謀の助言により、プリタムシンとモハンシン大尉は、軍司令官山下中将を訪問した。同行したのは藤原少佐、山口中尉、国塚少尉であった。この会見は成功したようであった。二人は山下軍司令官の人柄を称賛してやまなかった。ピナンにおけるＩＩＬ結成大会場には、一万をこえるインド人が参集、大成功裡に終わったのであった。

しかし、タイピンの華僑にＦ機関が許可していた青天白日旗の掲揚を、参謀部の反対によって日の丸に変えさせよとの命令は、ようやく反日的感情を捨てつつあった華僑に、再び反感と恐怖心を植えつけてしまった。かれらは日本軍に対して非協力であり、ついには抗日義勇軍まで編成して抵抗することとなった。その結果はシンガポール、ペナンその他各地の華僑虐殺となったのである。

昭和十六年の大晦日の夕方、アロルスターからモハンシン大尉が藤原少佐を訪ねてきた。マラリヤ熱をおかしての来訪の目的は、慎重に協議したすえ、次の条件が日本軍に認められるならば、全員一致、祖国の解放と自由を得るため決起する決意に達したので、次の条件を日本に承諾してもらいたいためであった。提言内容は次のようなものであった。

(1)、モハンシン大尉はインド国民軍（ＩＮＡ）の編成に着手する。

(2)、これに対し日本軍は全幅の支援を与える。

(3)、ＩＮＡとＩＩＬは差し当たり協力関係とする。
(4)、日本軍はインド捕虜の指導をモハンシン大尉に委任する。
(5)、日本軍はインド兵捕虜を友情をもって遇し、ＩＮＡに参加を希望するものは解放する。
(6)、ＩＮＡは日本軍と同盟関係の友軍とみなす。

この提案を、少佐は軍司令官の考えを確かめる必要から即答を避けた。少佐自身は賛成であり、私見としてはモハンシン大尉に、ＩＩＬとＩＮＡの関係について、車の両輪の如くあるべきであると述べた。

また、「同盟国軍に準じる……」問題は、公的決定は技術的に困難であるとして、実質的に希望に副うこととして諒解を得た。

ＩＮＡの結成については、当分公表せぬことに両者の意見が一致したのである。

藤原少佐は、軍司令部に鈴木参謀長、杉田参謀を訪ね、提言を報告し、経過を説明した。参謀長は、同盟国軍の件は少佐と同意見であり、また、その他の提言をもうけ入れたのであった。

こうしてＩＮＡは、昭和十六年十二月三十一日、マレイのペラク州首都タイピンにおいて結成された。一月三日、モハンシン大尉はＩＮＡ本部と数十名の宣伝要員を率いイッポにのりこんできた。宣伝要員は数名一グループに編成され、激戦線内に潜入、ＩＮＡへの加盟工作を行なうため、平服に変装、必要に応じ英印軍正規兵の軍服に変えられるように工夫し、

F機関の証明書を携帯、勧告の伝単を持っていた。

ＩＩＬ宣伝班は、土持、中宮、米村ら連絡班によって敵戦線内の潜入に成功、百名以上の投降兵を連れてきており、今度はＩＮＡ宣伝班を潜入させるため、再び土持らは出発した。

連絡班はまず、第一線指揮官にＩＩＬやＩＮＡ宣伝班員の通過について諒解を得たあと、戦況、地形を詳細に調べ、敵の監視の手薄な個所から最前線へ進んだ。敵の隙をみて宣伝班員は敵陣に潜入し、連絡班は引き返す。このことを幾度かくり返した。

困難は日本軍指揮官、参謀の説得にあった。かれらはＩＮＡのインド兵が敵に寝返ることを疑っていた。

また、連絡班の過重な活動と、説得したインド兵を日本軍陣地を通って連れて帰る困難さがあった。最前線の激戦地帯において、どのような些細なことから日本兵に射たれぬとも限らず、そのようなことになれば、今後の工作はおしまいであった。しかも、おこる可能性が多分にあった。

一方、「インド人将兵に告ぐ」と題する伝単を作成、第三飛行団長遠藤三郎少将、参謀徳永大佐の協力によって、トロラック、スリム方面英軍第二師団の上に空から撒布された。しかし、搭乗員は伝単撒布を蔑視し、束のまま投棄したものもあった。

日本軍の思想戦、宣伝軽視のあらわれであろう。

マレイ半島における英軍兵力の配置に変化がおこり、英印軍兵団の大部分がシンガポールに撤退、英濠人兵団がかわって北上してきた。英軍司令部は機関の活動を警戒し、藤原少佐に数万ポンドの賞金がかかっているという。

英軍の配置転換と地勢判断に基づき、第二十五軍司令部は、英軍の企図を次のように判断した。

英軍はマラッカ、ムアル、ゲマスを結ぶ線、またはバトパパからクルアンにいたる線のいずれかで日本軍の進出を阻止反撃し、戦勢の挽回を図り、または持久に努め、この間シンガポールの防備を増強し、シンガポールで最後の大決戦を企図する。

日本軍主力はクアラルンプールに殺到しつつあり、第十八師団の侘美(たくみ)支隊はマレイの東海岸を南下、クワンタン飛行場を占領し、クアラルンプールに向かいつつあった。

F機関とIIL本部は一月九日、クアラルンプールへと前進した。途中、百数十名あるいは百名とかたまった投降兵が集まっていた。

十一日、F機関がクアラルンプールにはいったとき、投降兵は千名以上となった。マレイ各地では二千五百名と推定された。モハンシン大尉は、各地に散在する投降兵をクアラルンプールに集結することとした。

ついで、INAの一部を武装訓練すること、英軍がシンガポール決戦を断念して退却する場合を考え、それ以前に、英印軍内のインド人将兵を多数INAに参加させるため、強力な宣伝班を編成する。また、サイゴン放送局を利用し、各地のインド人将兵、インド人に放送宣伝を実施することを、モハンシン大尉は計画した。

藤原少佐はこれに同意し、杉田参謀の許可をとり、二コ中隊分の軽兵器をINAに渡したのであった。このころ、再び英軍が藤原少佐、F機関員、INA将校、IILメンバーに莫大な懸賞金をかけているとの情報がもたらされた。

昭和十七年二月十五日、日本軍はシンガポールを占領した。藤原少佐は、軍司令部において山下将軍、パーシバル将軍の会見に同席し、INA、IIL宣伝班に英軍降伏の報を伝達した。

三月十六日朝、シンガポールにF機関本部を設置した。英軍捕虜白人五万名、インド兵五万名との報告をきいて、藤原少佐はF機関四名の将校、十名あまりの民間人で、五万ものインド兵を接収することの困難さに苦悩した。

宿営、給養、衛生をいかにすべきか、メンバーとINA司令部将校も協力して奔走したのである。

十七日午後一時、インド兵接収儀式を終わった。

インド兵はニースン兵営に主力を一部をカラン兵営に、患者はニースン兵営に病院を開設収容することとし、インド兵が寝具、食料、炊事材料を最大限に携行し、自動車を使用して集めることを、少佐の独断で認可した。

大会において、INAに参加希望者は、捕虜としての扱いを停止し、支援を与えるとの宣言を、大多数のインド兵は熱狂してうけ入れた。

モハンシンINA司令官は、五万五千のインド将兵を掌握することとなった。インド独立史にはじめて革命軍が結成され、そのなかにはギル中佐、ボンスレー少佐など二十名近い将校がいた。モハンシン大尉はＩＮＡの少将となった。

十八日正午、シンガポール・インド人有力者主催のＦ機関、ＩＩＬ、ＩＮＡ幹部、インド人将校の招宴が催された。

十九日、シンガポール・インド人大会がファラパークにおいて数万の民衆を集めて開催された。ＩＩＬの本部もシンガポールとなったのである。

藤原少佐、大本営に出頭

大本営から南方軍総司令部を経て、藤原少佐に対し、マレイ、泰方面のＩＩＬ、ＩＮＡ代表約十名をつれて、三月十九日までに上京せよとの電報が届いた。

当時、プリタムシンはマレイ、シンガポールＩＩＬ支部長会議をシンガポールで開催する準備中であり、モハンシンはＩＮＡの全兵力をシンガポールに集め、ＩＮＡの強化を計画しているときであった。

大本営は、東京新宿中村屋相馬の女婿となっているラース・ビハリ・ボースが、東亜各地のインド人代表を招いてインド解放に関する政治問題について懇談親善を計ることを支援したのである。

また、岩畔大佐（近衛第五連隊長）も一緒に上京せよとあった。

三月十日、一行はカラン飛行場を出発した。瀬川中尉の遺骨もいっしょであった。一行はサイゴンに一泊。サイゴンにある岩畔大佐を訪問した藤原少佐は、F機関のこれまでの経過、日本のインド施策に関する計画案を説明、軍の作戦のためだけの工作でないことを強く主張、将来のことを懇願したのであった。

そのころ、サイゴン放送局は、インドに向かって放送宣伝を開始していたのである、飛行機の都合により一行は二台の飛行機に分乗した。一機には藤原少佐、岩畔大佐、モハンシン、ギル中佐、ラガバン、ゴーホー、メノンの七名が搭乗出発し、他の一機に大田黒、スワミイ、プリタムシン、アイヤル、アグナム大尉が乗って二日後サイゴンを出発することとなった。

藤原機は海南島で故障して二日滞在、台北、上海で一泊して東京に着いたが、十九日到着予定のプリタムシン一行の飛行機は烈風のため遭難、行方不明となった。原因は上海から便乗した中山大佐が太刀洗飛行場での悪天候のための中止勧告をけり、飛行を強要したことにあった。藤原少佐も海南島の二日間で、海軍参謀の冷遇に、使節一行に対し恥ずかしい思いをした。

一行は赤坂山王ホテルを宿舎とした。上海からオスマン使節、香港からカン使節が到着していた。

東京に到着後、使節一行の案内行事ともに大本営の手に移ってしまっていた。これまで現地において工作に努力した機関の出る幕はなくなっていた。

岩畔大佐とともに大本営に出頭した藤原少佐は、経過報告とともにインド施策に対する所信を披歴した。

(1)、一月二十日、議会において宣言された東条総理の対印声明に基づく帝国不変の対印具体的政策を確立し、最も速やかにこれを全世界に宣明する必要あること。

(2)、日本の朝野をあげてその政策を最も誠実に正々堂々施策すること。

(3)、南方占領地の施策の公正を期し、東亜新秩序建設の範を実証することが先決条件たること。

(4)、あくまでインド人の自主自由なる運動の展開を支援し、不当の干渉と術策を排すること。

大本営計画案は、少佐の計画案を参考としたものであったが、「インド謀略計画（案）」なる表題を、少佐は「インド施策計画」に変更するように進言、表題は少佐の進言どおりとなった。

IIL代表、INA代表一行と東京のラース・ビハリ・ボースら在日インド人代表との間がはじめからしっくりいかなかった。

三月二十日、山王ホテルにおいて山王会議が開催された。この会談のあと、F機関は岩畔機関として拡大され再編されることとなった。メンバーの多くは岩畔機関に編入され、あらたに民間から有能なスタッフを編入することとなっていた。藤原少佐はサイゴンの総司令部に復帰することとなり、シンガポール帰任のため東京を一行より早く出発したのである。

藤原少佐は今度の上京に先立って、F機関機密費を清算し、携行した。当初、機密費として二十五万円を一方的に渡されて以来、五万五千名のインド兵のための、軍経理部から五万円交付された金額ももちろん、誠実にして几帳面な山口中尉に経理を任せて、使途不明金のないようキチンと整理されていた。決算報告を提出、残額七万五千円を返したとき、機密費の残金を持参した者ははじめてだと笑われた。

少佐は、工作について、金は必要であるが、金で異民族の心を摑もうとすることは邪道であるとの信念を持っていた。残金のなかから遭難したインド人四名の遺族に一万ずつ、計四万円を支出してもらうこととしたのである。

四月二十九日、藤原少佐はサイゴンに出発した。飛行場でのインド人の見送りは盛大なるものであり、終戦後も藤原少佐はじめF機関メンバーとIIL、INAのインド人とは深い友情で結ばれているのである。

第四章　謀略・インド独立

スバス・チャンドラ・ボースとともに亡ぶ

敵の内側に擾乱を引き起こさせ、あるいは日露戦争の折の明石大佐の如く、レーニンら革命家を援助して、帝政ロシアに革命を惹起させた前例のように、インド国民百数十年にわたる反英感情に点火して、味方の戦勢を有利に導くのが、謀略、機密戦の本義であり、戦争に不可欠の要素である。

イギリスが、事実上インドを支配したのは一七五七年、インド支配のフランスをプラッシーの一戦に破った日からといってよい。

ヨーロッパの東洋支配は、遠く十六世紀後半、オランダが、インドに国策会社たるフランス東印度会社を設立したときから初められたのである。西欧の東洋の経済制覇の嚆矢といってよかった。

創立とほとんど同時に、十四隻から成る商船隊を東洋に派遣したフランスは、以来、毎年、六百トンから一千トン級の船を十五隻から三十隻も派遣したもので、東洋から集荷した只同様な荷物を年二回アムステルダムにおける東印度館で競売し、一六三九年、五百八十万フロリン以上、一六六五年、一千万フロリン、一七一〇年、一千五百万フロリンと年々巨利を博したのである。だが、オランダ東印度会社の内部政策の誤りから、業績は次第に低下するにいたったのであった。

しかし、オランダ東印度会社の没落期たる一七九五年の貿易売上高は一千万フロリンであり、その最盛期たる一七七〇年の二千百万フロリンの半分以下ではあったが驚くべき巨額の金額といわざるを得なかった。

オランダにつづいて進出したフランスの東印度会社は、本国における革命勃発により、一七九三年オランダとフランスは国交を断交し、フランスの紛争のスキを狙ったイギリスは、自国植民地防衛を口実として、進出した。

今少しその間の事情を述べれば、インドのアルコットと、ハイダラバートの太守の王位継承の紛争に、イギリス、フランス両国ともに干渉して争ったのである。

イギリス軍は、カルナテック方面では優勢であり、フランス軍はデカン方面で優位を占めていた。

フランス政府は、フランス東印度会社同様ジュプレックス総督の政策を好まず、かれは、遂に解任されて帰国せざるを得なくなった。その後、欧州には七年戦争がおこった。

ベンガル土侯のイギリス人虐殺事件（黒窖事件）によるプラッシーの戦いがおこり、この戦闘に、英は仏を敗北させたのである。

勝利を占めたイギリスは、カルカッタ付近において勢力を確立し、インドにおける支配的地位を不動のものとして二十世紀世代に入ったのである。しかし、イギリスの圧政と搾取は、以来反英と真の独立のための果敢なる民族運動となったのであった。

プラッシーの戦いのちょうど百年後に勃発した傭兵（セポイ）反乱は、しいたげられたインド国民の憤りに点火し、ほとんど全インドに及ぶ反乱に拡大したのである。この兵乱は今までにない大規模なもので動転したイギリスは、本国から大兵団を動員しインドに進駐し、これを制圧したのであった。一八五九年のことであった。

この日以後、インドはきのうのインドではなかった。今やインド国民は、イギリスの搾取と圧政に抵抗する民族となっていた。

しかし、イギリスは、このインドの大勢をいち早く看破し、政治上、種々の手を打ったのである。表面上だけ自治を許すが如くみせかけたが、その反英思想を巧みに抑える方策にすぎなかった。

一九一四年、第一次世界大戦がおこった日、イギリスはインドを真の味方につけねばならなかったのである。

そのために、イギリスは、インド国民に対しインドの自治を約束したが、第一次大戦が終わるや、その公約をたちまちホゴにしたのである。それのみではなかった。以後、反英独立運動に対する圧政を前にも増してインド国民に加えたのである。

ガンジーの出現は、インド独立の反英運動の方針を、根本から変えたのであった。多くの反英運動を内蔵しながら、インドは第二次世界大戦を迎えることになるのである。

イギリスのインド支配の立役者は東印度会社のクライブであり、つづいてヘスチングなどであった。しかも、この二人は、本国にいれられず、クライヴは自殺し、ヘスチングも英国で弾劾されたのである。

ここで、今一つイギリスの東洋侵略を記しておかねばなるまい。

イギリスの繁栄は、着々として東洋において実を結び、インドを完全に手に入れたものの、未だ、眠れる獅子を自家薬籠中のものとすることはできなかったのである。インドを通じて支那に行なう貿易といえば常に片貿易であって、イギリスの貨幣は支那へ一方的に流入するばかりであった。

焦燥したイギリスが発見したのは何であったろう。アヘンである。フランスを屈伏させインドを足だまりとしての東洋貿易はイギリスの欲するままであった。イギリスは、自国においては法律が厳禁しているアヘンを、支那に輸出することによって、この片貿易の不利を逆転させようとした。

この非人道的で、有害な麻薬を、支那へ輸出したのである。この悪習はたちまち支那全土をおおい、支那は狼狽し、目醒（めざ）めた。英雄林則徐によって、この悪習から救われるかと思われたが、イギリスは有力なるジョージ・エリオット提督の指揮下の東洋艦隊を出動せしめ、軍備劣勢な支那陸海軍をたちまちにして制圧し、以来、思うがままに支那を支配することとなったのである。

岩畔機関の創設

昭和十六年十二月八日、大東亜戦争が開始されると、インド独立運動を援助するという目的をもって、岩畔機関と呼ぶ特務機関が、タイの首都バンコックに創設された。

昭和十七年の春早々のことである。その編成は次のようなものであった。

機関長岩畔（いわぐろ）豪雄（ひでお）大佐
- 総務班長――牧達夫中佐
- 政務班長――高岡大輔代議士
- 特務班長――小山亮代議士
- 宣伝班長――斎藤二郎大佐
- 軍事班長――小川三郎少佐

対インド工作は「岩畔機関」が誕生する以前、すでに、インド独立運動を目的として、第二十五軍（軍司令官山下奉文中将）の情報参謀であった藤原岩市少佐を長としての「F機関」が着手していたのである。

岩畔機関は、この機関を引き継いで、さらに対インド独立工作を推進するために設置されたのであった。

岩畔機関が生まれて間もない昭和十七年三月二十八日から三十日まで、東京山王ホテルにおいて、在日インド代表者、マレイ代表などが参集して「独立運動」の構想を談議する会合が開かれたのである。

ラス・ビハリ・ボース、ギル中佐、モハンシン大尉、マライ代表ラガバン等が集まったのである。

ビハリ・ボースは、東京新宿の中村屋にかくまわれていた人物で、反英動乱の未遂で、日本に亡命中のインド独立の志士の一人であったがため、この会談の司会役をつとめたのである。

㈠、インド独立のため、一致団結協力を誓う。
㈡、インド独立連盟の創設。
㈢、連盟の支配下にインド国民軍を創設する。
㈣、可及的速やかにバンコックにおいて大会を開催し、東亜各地のインド人代表を招集することとする。

等を決議した。

岩畔機関長は、右記機関員と討議の上、山王ホテルの決議案の趣旨を盛り込み、左記のような決議を採択した。

五項目から成り、東亜各地のインド人をこの連盟の傘下に糾合する。独立の志士を養成してインド本国に潜入させ、内外呼応して独立運動を推進する。また、インド国民軍を強力な反英軍団に育成するなどであった。

岩畔機関長が、F機関長藤原少佐から引きついだのは、シンガポール陥落後、捕虜としたインド将兵六万ほどのうちの、独立の意気旺盛な約一万余と、モハンシン大尉ほか数名のイギリス・インド部隊将校であった。

かれらは、シンガポールで捕虜となったときも、独立派のモハンシン大尉の主義に同調、他の数万の捕虜と同調せず、キャンプも別々に収容されていた将兵であった。

軍事班長は、このモハンシンの指揮下のインド国民軍を、独立のための中核たる軍団に仕上げるという最も重要なるポイントであった。しかるに、その班長たる小川三郎少佐の着任の申告をうけた岩畔機関長は、陸軍の上級機関の人事に対して大きな疑問を抱いたのである。

体軀のガッチリしたのは、軍人だからいい、赤銅色の負けじ魂を満面に現わした武骨さも、まあ妥協するとして、九州弁まるだしで、軍人というより野武士と呼んだ方がふさわしい面魂の偉丈夫なのである。

岩畔機関長は、この野武士といった方が適切な武弁一辺倒の小川少佐を、もっともデリケートな特殊任務に振り向けてきた上級者の神経を怪しんだのだ。これは、独り岩畔大佐のみの杞憂ではなかったらしい。型破りの点では人後におちぬ機関長の肚は、まあ、慌てず小川少佐の様子をみようときまっていたが、他の機関員は口にこそ出さないが、同じ想いであることは、その眼が語っていた。

間もなく、考課表が送られてきたが、機関長はますます困惑せざるを得なかった。これは誰か意地の悪いのがいて、岩畔機関長に対するいやがらせか、困らすための人事としか思われない考課表であった。

陸士第三十八期卒業の序列は何と、ビリから二番目という悪い成績である。しかも、この考課表を仔細にみると、早くから右翼運動に関係し、昭和十一年の二・二六事件に連座して、六ヵ月の停職処分をうけている、まことに申し分のない(?)念入りの経歴である。

バンコックのオリエンタルホテルに、機関長は起居していたが、小川少佐も同じくここを宿舎に当てられたため、勤務外の時を、この小川少佐と話す機会が多かったのである。親密になるに従って、どこがどうというのではないが、何ともいいようのない人間味を、小川少佐は感じさせるのである。ある日、機関長は食後ののんびりとした時間を選んで、前々から切り出したかったことを歯に衣をきせず質問したのである。

「きみ、陸士をビリから二番目とは、恐れ入った成績だな」

少々ぐらい照れるかと思いのほか、かれは、呵々大笑していうのである。

「機関長、どうも世の中というものは、ままならぬものですな」

例の九州訛りで、トツトツというのであった。多分、いくら勉強しても成績はままならず、と機関長は解したのであった。ところがさにあらずで、小川少佐の説明は全くふるっていた。

「私は士官学校を何としてもビリで卒業してやろうと思い、一人の同僚と一心不乱に競争はしたのでありますが、何とも世の中はままならず、私は遂に負けて、ビリの一番は、とうとう奴にさらわれてしまったのです」

いかにも無念残念というように笑うのであった。さらにいうのである。

「外国語を学べば、愛国心が薄くなるから在学中、外国語の予習は一度もしたことがありません」

いやはやと、機関長は心中で苦笑した。インド独立運動を支援するのが「岩畔機関」の本命なのである。インド兵は、昔から英語を使う。これは二度びっくりであった。外国語を使うと愛国心がうすれるとは驚き入った思想の持ち主である。いよいよ以ってこの人事はおかしい、と思いながら、こうして話していると、何かしらほのぼのとしたものを感ずるから不思議であった。

異民族の軍隊編成は難中の難事である。それは民族を異にした上に、戦力を握るからである。信じなければできることではなく、信じて裏切られれば、その戦力は敵を利し、味方を破砕する銃火となる。

にも拘わらず小川少佐の仕事は目にみえて、着実に実を結び、成果をあげていたのである。小川少佐は、昼夜の別なく心魂を傾け、誠実をつくして、この困難なる仕事と取り組んでいたのである。

外国語をしゃべることすなわち、愛国心の喪失といっていた小川少佐が、日本語のしゃべれないインド兵の中で生活するのは全く皮肉であった。しかし、人間と人間との触れあいは言葉だけではなかったらしい。

しかし、インド国民軍の中でする任務が小川少佐の全てであった。外国語を使わないで交渉する小川少佐の言動は、全くもって、珍中の珍、珍無類のものであった。まず、その名前を覚えることからして難事であった。

インド人のむずかしい名前は、彼一流の方法で見事に整理されてしまった。インド将校の諸君には失礼至極のことではあったが、小川少佐にとって、これ以外、方法がないのだから赦してもらわねばならなかっただろう。しかし、この天衣無縫なやり方も、かえって彼らに親しみの情を抱かせたようである。

一つ二つ実例をあげると、タルマハール氏は、些か縮めてダルマ氏に昇格する。日本海海戦の時、東郷艦隊では覚えにくい敵艦名を日本流の名にかえてよび易く覚えさせた故智にならったというわけでもなかっただろうが、エッサンカダーは、遂に胃酸過多氏になるのである。これなら忘れようとしても忘れることはなかったろう。

インド国民の兵隊の名を、このようにして小川少佐は全て頭に叩き込んだのである。かれ小川三郎少佐が覚えた一番長い英語の文句は、「ハッピー、ニュー、イァ」であったという逸話は、全インド国民軍中に有名であったという。いや、いつの間にかビルマ派遣軍内に喧伝されて有名となったエピソードであった。

交わる人々に、それが同胞であろうと、異邦人であろうと、小川三郎少佐のこの珍妙でありながら、巧まずして身につけた人気を、火のように燃えあがらせたのである。面倒な民族協調の理論ではなく、小川少佐の、無心で示す言動は、いつの間にか、インド国民軍のなかにおいて〝メージャー・オガワ〟という名で、もっとも親近感をもって言い交わされる名前となっていた。

昭和十九年、インパール作戦が行なわれた頃、インド国民軍は三万をはるかに突破する勢力にまでふくれ上がっており、小川少佐指揮下のインド独立軍一個師団は日本軍と協力して、インパール作戦に参加し、最後まで頑強に戦ったことは、チャンドラ・ボースの自慢の種となったものであるが、これは、まだ後年のことであった。

岩畔豪雄大佐は、昭和十八年（一九四三年）三月。少将に進級、第二十五軍参謀副長兼軍政監部総務部長に転出し、「岩畔機関」は以後「光機関」となって、業務は伝承されたのである。

光機関

これより先、昭和十六年三月二十八日、スバス・チャンドラ・ボースは、独立運動のため、ベルリンに到着した。

ドイツは、昭和十四年九月一日ポーランドへ侵入し、同月三日英、仏は対独宣戦を布告した。十五年になると、フランス軍はドイツに全面降伏するにいたり、六月十七日ペタン元師が新首相に就任し六月二十二日独、仏休戦調印し、独・ソ新協定の成立は十六年一月十日であり、四月十日には独・ソ新通商協定が調印されたにも拘わらず、六月二十二日にドイツは対ソ宣戦を布告し、欧州の情勢はまことに複雑怪奇であった。

一方、昭和十六年十二月八日、日本は、対米英戦を開始し、翌十七年早々、対インド工作協力機関である岩畔大佐を長とする「岩畔機関」が開設されたことはすでに書いた。

「山王会談」と呼ばれるインド独立を推進しようとする在日インド人、ビルマ人らを中心とした会合の後、インド独立連盟の大会が、東京、上海、香港、マライ、シンガポール、マニラ、ジャワ、ボルネオ、ビルマ各方面から、インド独立の志士代表者たち約百六十名が、バンコックのシルバーコーン王立劇場に集められ、昭和十七年五月十五日から二十三日まで開催されたのであった。

第一日の総会は公開であった。

来賓としてタイ国外務次官、坪上大使、石井参事官、ウエンドラ・ドイツ大使、クローラ・イタリア公使、岩畔豪雄機関長。

第二日以降二十三日閉会までの大会は非公開とされ、討議の主なるものは、インド独立運動の具体策として、独立連盟の組織、権限、インド国民軍の統帥関係、日本政府と連盟、また、インド国民軍と日本軍との関係、独立運動の経費を日本から借入れるの件等六十三項目に及んだのである。

かつ、独立連盟のその後の行動の準拠となるものが決められたのであった。

独立連盟執行委員の選挙の結果は左のごときものであった。

委員長　ビハリ・ボース

執行委員　ラガヴァン
　　　　　メノン
　　　　　モハンシン大尉
　　　　　ギラニー中佐

日・独・伊三国に対する感謝と援助の要請を議決した。大会最終日において、これらの決議や役員名簿は公開発表されたのである。

大会後、インド独立連盟は、日本政府の独立運動に対する具体的条項を求めた。岩畔機関長は、大会決議案に添えて参謀本部に対するインド独立工作援助の申請を行なったのであった。

しかし、これに対する参本からの返事は相当長い期間をおいた後、何とか実現するよう努力するという曖昧極まるものであった。

この時の日本の不誠意がインドと日本の間において長い間シコリを残し、後、東条首相の、チャンドラ・ボースに対する援助もおそきに失したと、岩畔機関長は考えるのだった。また、東条大将は岩畔はインド人の扱いが野放図であると怒っていたとも、岩畔手記は記しているのである。

初め、ボースが東京入りをした日、東条首相はいっこうに会おうとしなかった。側近の中傷とも考える人もあったが、好き嫌いは東条の性格で、とくに「食わず嫌い」という批判は当たらずといえども遠からずであった。その東条が、一度、ボースに会ってその魅力にとりつかれると、すっかりボース好きになったのである。

さて、岩畔機関員の活躍はめざましく、インド独立連盟本部はバンコック、インド国民軍司令部はシンガポール、闘士養成学校はピナン、対印ラジオ放送はシンガポールと各所におかれて活動を開始した。

国民軍はモハンシン大尉を少将に任じ、司令官とした。初め野戦師団一、遊軍三個連隊、捜索一個連隊、特務隊一、補給隊一、総兵力一万五千。携行兵器は全て、英軍よりの鹵獲兵器であった。

ここで特筆すべきものは特殊スパイ戦、レジスタンス要員ともいうべき高度の機密戦を教育訓練するピナン闘士養成学校であった。またラジオ放送と、飛行機によりインド国内に撒布する宣伝ビラの作成等は、インド国民軍の対敵宣伝部の仕事であり、大きな成果をあげたのである。

ピナンの闘士養成学校は、独立という意味をもっているスワラジ学院とも呼ばれ、校長に選ばれたのは弁護士のラガヴァン執行委員であった。教官の中には革命家オスマン等があり、学生のなかの五十名は落下傘降下の訓練をうけていた。

生前、岩畔大佐はインド工作の話が出ると、口癖のように小川少佐のこと、そして、スワラジ学院の学生の自慢話であった。とくに、第一期卒業生十名を二組にわけ、潜水艦によって一組をカラチ附近、一組はボンベイ付近に上陸させせ、連絡員としてインドに潜入させたのであった。

昭和十七年の初秋。

インド独立連盟（ＩＩＬ）がシンガポールからバンコックに移ると、従来からの連盟と国民軍司令部との軋轢は、同じ土地に同じ独立工作を推進しようとする軍政の二機関が併立することによっていっそう悪化激化したのである。

両機関というより、委員長ビハリ・ボースと軍司令官モハンシン少将との主導権争奪戦といった方がよかった。ビハリ・ボースにはラガヴァンがつき、モハンシン司令官にはギラニー中佐、メノンがついて反英革命運動は真二つにわれて内部抗争は熾烈となったのである。

ついにモハンシン少将が指揮してサボタージュを起こしたのである。

これら紛争の原因として考えられるものは沢山あったが、インド人といっても民族が多種多様で、言語は数百種にのぼり、宗教も慣習も異なりなかなか統一がとれず、また、独立運動の主体は、国民軍であるというモハンシンの思想は、日本の傀儡である中村屋の養子ビハリ・ボースに対する反感などもからみ、さらに、司令官となって以来、モハンシンの増長慢は連盟本部委員長の椅子をも、ボースの手から奪おうとしたのである。

そこで岩畔機関長は、もはや、インド国民軍は無用の長物と判断し、武装解除を断行するとともに、モハンシン司令官を捕らえるとともにこれをウビン島に軟禁するという強行手段に出でざるを得なくなった。

さらに、この紛争の黒幕的人物ギラニー中佐をシンガポール憲兵隊に引き渡してしまったのであった。これら全ての処置は岩畔機関長の責任において断行されたことであったが、この騒動を機として、ドイツ亡命中のチャンドラ・ボースを迎えることを強く主張すると同時に、連盟と国民軍再建のため、小川少佐と機関長はボンスレー中佐を少将に昇進させ、新たに軍司令官として国民軍の再生をさせることを命じた。

ボンスレー新司令官は着実に崩壊した国民軍を再建することに成功し、チャンドラ・ボースが、東亜に姿を現わす頃には、国民軍は軍隊として恥ずかしくないものとなっていたのである。

岩畔大佐は得難き人物小川少佐を「光機関」の主任として残した。小川少佐は、最後の日までビルマ方面軍の戦闘に加わり、インド国民軍の一指揮官として活動するのであるが、それ以前、光機関と山本大佐（昭十九年八月少将）について多少の枚数を費やさねばならないだろう。

山本大佐は、大尉時代の昭和十年から十一年まで、満州の三河で特務機関長の職にあり十一年から十二年まで少佐として、ハルピン特務機関に奉職、同年十一月参謀本部のロシア課員であり、中佐の昭和十四年一月から武官補佐官としてドイツに駐在していたのである。スバス・チャンドラ・ボースが、インド独立運動推進のため、ベルリンに到着したのは昭和十六年三月二十八日であった。

この前年十五年八月、山本敏は航空大佐に任官しており、チャンドラ・ボースとの交友が始まったのである。それが、何月何日であるか山本大佐の記録にも明らかにされていないが、山本武官の、ボースに対する傾倒にはなみなみならぬものがあった。

山本武官の主任務は、ドイツ情報局との連絡にあった。山本大佐にとって、その前歴が示すとおり、こうした任務は、もっとも適していたといえよう。

参謀本部は、この山本大佐に、ドイツに亡命中のチャンドラ・ボースの人物を調査報告するよう命じてきたのである。

参本も、ドイツ亡命中の、チャンドラ・ボースについての日本在住インド人の間における評判は、かねてから知悉していたからであり、ドイツにおいても、反英の志士ボースを高く評価している事実が、参本にもきこえていたからであろう。

山本大佐とボースの会見は、大島駐独大使が、ボースに会見するという名目でドイツ外務省の許可をとりつけたのであった。

昭和十六年十月の終わりであった。山本武官は日本大使館においてボースと初めて会ったのだ。

山本大佐は、このボースに一目惚れしたというか、すっかりボースの魅力にとり憑かれたように、かれに好意をもった。

「六尺近い堂々たる恰幅、亡命者特有の暗さや卑屈さがみじんもないボースの態度は、私たちに実にいい印象を与えた。自己を誇示するふうもなく、インド独立への火のような闘志を胸中に秘め、無欲恬澹（てんたん）、明朗活発、しかも教養豊かな紳士として見上げた風格は、さすがに大物であり、ドイツ側がほれ込むのもムリはないと感動した」（山本敏）

その日の会見は、約一時間であった。かれは、日本に対する期待を語った。亡命の目的についで語った。そして、その抱負を語った。

その日、ボースは、インド民衆は、日支事変の現実をみて、日本が中国を侵略しようとしているものと思っている。イギリスがインドを侵略している現実と較べて、インド人の眼には、日本も侵略国と映っており、従って、反日的になっていると語った。これがボースの率直な意見であった。

山本大佐は、このボースの意見に対して、日本は東洋平和を真の目的としており、領土的野心も征服意欲も何もない旨を答えたのである。ボースは静かな態度で、これにききいっていたが、私は、今の山本大佐の意見を、ドイツの電波を通してインドに向けて伝えようといった。

このようにして、初対面から互いに気を許しあった二人は、その後十日に一度ぐらいの割合で会ったのである。次第に腹蔵ない意見を交わしあう仲となっていたが、ボースの口からドイツ批判も出るようになった。とくに、ガンジーの無抵抗主義に対しては、はっきりとあきたりないと意見を表明した。山本大佐の「スバス・チャンドラ・ボースの身上調査」は参本、日本政府に報告されることになったのであった。

十二月八日。大東亜戦争が勃発すると、ボースは、日本に亡命しなかったことを残念がったのである。昭和十七年二月十六日、シンガポールの陥落の翌日であった。大島大使と、山本補佐官とに面会を申し入れてきたのである。

「私がインドからベルリンに向けて脱出した際、もし日本がイギリスと戦争を開始していたら、私は万難を排しても日本行きを強行したであろう。いまや日本のマライ占領は実現した。日本軍はやがてビルマに入り、インド国境にまで迫るようになるであろう。インド人たるもの日本と一体となって、イギリスと戦うことを望まないものがいるであろうか」

山本大佐は、その時のボースの言をこのように述懐している。

これは、後日、牟田口廉也第十五軍司令官による「インパール作戦」の強引なる発起の原因となった思想であった。

すでに、その日、ビルマ方面に展開した日本軍は、空輸力もなく、僅かに辛うじて、ビルマ防衛が最大限の戦力に低下しており、これに反して、ルイス・マウントバッテンを総司令官とする英・印・中・米連合軍の一大反抗の戦機は、まさに熟そうとしていた折であった。

そのような日、反英の志士スバス・チャンドラ・ボースは、この地に姿を現わすこととなるのであるが、今しばらく、山本大佐の、二月十六日、駐独日本大使館におけるボースの烈烈たる反英抵抗の言葉をきかねばなるまい。

「私はいままで独立運動というものの、ドイツではまるで二階から目薬をさすような程度のことしかできなかった。時は今だと思う。ここで私はなんとかして東亜に走り、祖国インド解放のために日本と一緒に戦いたい。たとえ一兵卒としてでもいい、私は戦いたい。私のこの希望を日本政府にお取りつぎ願って、ぜひ承諾をもらっていただけまいか」

この日、この時、直ちに日本へ向かうことができていたらどうであろう。私は自分の著書のなかで、これまで幾度も歴史にもしはあり得ない――とかいてきた。それでも、もし、この時、この日、余り時間をかけず、ボースの日本入りが実現していたら――と思わざるを得ない。

山本大佐は、即時、大島駐独大使と計り、大本営に向かって電報をうった。だが、梨のツブテであった。ドイツも、チャンドラ・ボースを高く買っており、対敵宣伝には比類のないボースを大切に扱っていた。山本大佐は、ボースに会う度に、返事を迫られるのであったが、幾度電報を打っても返事はない。

ドイツが、こんなに高くかっているボースも日本では大して値打ちを認めていないらしいと、山本大佐はいささか腹立しかった。

これはあとから、山本大佐にわかってきたことであったが、インド独立のためには、日本には、新宿中村屋の養子のラス・ビハリ・ボースが存在することであり、わざわざ在独のボースを苦労して呼ぶほど必要でないという意見があり、日本におけるインド協力者の中には、スバス・チャンドラ・ボースをよそ者的にみている風などもあり、来日を歓迎しない空気があったらしい。しかし、中村屋ボースはあくまで、チャンドラ・ボースを中心人物とすべきであるとの強い意見をもっていたようであった。

また、ドイツ側にあっても下っ端の官僚、軍人どもが、チャンドラ・ボースを手離すことを嫌い、駐日ドイツ大使館に働きかけてボースの日本行を邪魔していたというのである。

しかし、そのような時、やっと日本から、ボースの来日についてドイツはどう考えているかの問い合わせがあった。山本大佐はこおどりして、大島大使と直接アドルフ・ヒットラーに会い、ボースの日本行きについて相談すると、ヒットラーは即座に賛成してくれた。

さて、日本行きの段取りとなってみると、問題と難関はそのコースであった。

ボースは亡命者であり、ドイツは、連合国と交戦中である。ただドイツは、空路ソ連上空を日本へ飛行するつもりであったが、日本は、ソ連との間に不可侵条約を結んでいる手前、ソ連を刺激するのはよろしくないとの意見で、他の飛行コースもあるにはあったが、それも交換条件が折合わず、断念せざるを得なくなり、残るはUボートによって、インド洋上において、日本潜水艦に乗りかえるという方法以外策なしと決定。

しかるに、そうした手順方法を懇談の最中、昭和十七年十二月帰朝命令に接したのである。山本大佐は、シベリア経由で、日本に帰り、ボースの日本行の実現をみることなく、心をドイツに残して帰還した。

昭和十八年二月、ボースはUボートによってドイツを離れることとなったのである。

これと同時に、ヨーロッパにおけるインド人約三千人によるインド部隊を編成するなど、インド独立の夢は一歩ずつ前進しつつあるかに見えたが、事実上の実戦部隊としてはまことに微々たるものにすぎなかった。しかし、その微々たる実戦部隊といえども百数十年にわたるイギリスの圧政に反抗するかれらの意気は壮なるものがあった。

山本大佐は昭和十八年三月、岩畔大佐の転出のあとを襲い「光機関」長に補職されたのである。本格的インド工作の長官を命ぜられたわけであった。

ドイツ占領下のフランスのブレスト港を二月に出港したボースは、Uボートから日本潜水艦に洋上移乗という離れ業を演じた末、スマトラの北のサバン島で、山本大佐との劇的会見が行なわれたのである。ボースは秘書のハッサンを帯同しただけである。

ボースは、欧州で編成した三千のインド人部隊の陣頭にたって、東亜の空の下でインド解放戦を戦いたかったが、かれ一人だけを東亜へ運ぶのさえ、これほどの苦心惨憺の末の業務だったことを思えば、残念ながら諦めねばならなかった。

ボースとハッサンが、山本大佐の案内で日本につき、帝国ホテルに入ったのは、五月十六日のことであった。

嶋田繁太郎海相や、重光葵外相などとは会見懇談の機を得たが、首相東条英機大将は会おうとしなかった。好き嫌いのはげしい東条に中傷があったためかもしれない。

しかし、一ヵ月近い後、東条は、ボースに会った。ところが、一目惚れというかボース嫌いの東条は、一度でボース好きになってしまったから不思議だった。

六月十九日、ボースは内外記者の前に姿を現わして、初会見を行ない、ステートメントを発表した。

㈠、前大戦の折、インドの指導者らがイギリスの政治家に欺瞞された失敗は二度とくりかえしてはならない。

㈡、日・独・伊三国同盟の勝利を確信してやまず、三国のインド独立に対する支援を感謝するとともにその勝利を信じてやまない。

㈢、今や、武力抗争以外独立運動はなく、この武力抗争には十分の自信をもっている。

㈣、東条首相のインド独立運動を支援するとの声明はわれらインド人にとって力強い限りであり心より感謝する。

等のことであった。

また、ラジオをもって英帝国の桎梏下に喘ぐ祖国インド国民に第一声をおくったのである。六月二十一日の夜であった。つづいて六月二十三日、東京日比谷公会堂で場外まであふれる聴衆に向かって、演説を行なったのである。

光機関の山本大佐の熱烈な支援と協力によって、昭和十八年七月四日、独立連盟会長に就任し、同年十月、シンガポールにおいて自由インド仮政府が樹立され、初代主席に就任したのであった。

もちろん、インド軍編成も行なわれ、自由インド国民軍（ＩＮＡ）と名付けられ、スバス・チャンドラ・ボースがその最高指揮官となった。

ここで、日本軍におけるインパール作戦、いや、インド侵攻作戦が、いつ、どうして芽生えたかを、たどってみる必要があるだろう。

昭和十七年七月、日本軍は、ビルマ全域を制圧し終わり、英・印・支軍をはるかインド国境以西へ駆逐したのである。破竹の勢いの南方軍のなかに、敗走した英・印軍をさらに追撃して、インドをも制圧せんと欲する構想が萌芽した。

しかし、日本軍が、全ビルマを制圧し得たこと、旧シルクロード、ビルマの援蔣ルートを封殺した今日、さらに戦線を伸延するよりも、防衛に切りかえるべきであるという大本営の思想の方が強かったのである。

インド国民の間に、日本のこの輝やかしい戦果と、全く戦うこともなく敗退した英軍の状況を知るに及んで、くすぶりつづけていた反英独立熱が燃えあがるのは、被征服民族の抱く感情としては当然のことであった。

南方軍にしてみれば、目下の英軍、重慶軍の現実を観察すれば、インドへの進攻は敢て無暴なる作戦とは思われなかったのである。東部インドに対して、大本営は、当分航空作戦にとどめ、地上部隊の進攻については考慮の外にあったのである。

南方軍は、すなわち、約二個師団をもって、マニプール王国の首都インパールを攻略、今二個師団を投入することによってフーコン渓谷（死の谷）を突破して、ゴラガード、デマプール、シルチャールを占領するという作戦構想をもっていたのであった。

大本営は南方軍のこの意見具申をしりぞけたが、後日、改めて「二十一号作戦」すなわち、インド進攻地上作戦の準備を命じた。しかし、この命令に接した第十五軍（司令官飯田祥二郎中将）ならびに各師団長は「当惑の態であった」（服部戦史）

後日、第十五軍司令官に補職された牟田口廉也、当時第十八師団長が一番難色を示したのだからおもしろい話である。そうこうしているうちに、一度、作戦準備を命じた大本営が、「二十一号作戦」の中止を命じてきたのであった。

昭和十八年二月、スバス・チャンドラ・ボースがドイツを離れ、Uボートで東亜に向かった。同年三月、牟田口廉也中将が第十五軍司令官に任ぜられ、ドイツ以来ボースと縁の深い山本敏大佐が、インド独立協力機関である「光機関」長となった。この三者に、何かしら「インパール作戦」の因縁のようなものを感ずるのは私ひとりであろうか?

一方、英印支ほか連合軍が、ようやく一大反攻の態勢を整備しつつあったのである。シンガポールに姿を現わしたチャンドラ・ボースは独立の旗を高く掲げ、これに呼応したインド国民会議派は八月八日、九日、ボンベイにおいて決起大会を開くとともに、インド全土にわたって英国に対する不服従運動に突入したのであったが、イギリスは即時、弾圧を加えることを決定、会議派の非合法化の宣言を行なうとともに、首謀者など過激派実に四万を逮捕、インド全土は、動乱的状況を呈したのであった。このイギリスとの抗争による死傷は一万余を数えたのであった。

軍司令官就任と同時に、ビルマ、インド方面の情勢の変化に起因してか、牟田口第十五軍司令官は、インド進攻作戦(インパール作戦)を執拗に、かつ強硬に主張し始めたのであった。

だが、大本営は空軍力不足と、補給に疑念を抱き、第十五軍隷下の三師団長も全て、この作戦に不安を抱いていた。また、飛行第五師団長田副中将も、劣弱な空軍力を不安としており、作戦発起直前、軍司令官は、小畑信良軍参謀長を意見相違の理由で解任（後任・久野村桃代少将）し更迭した。

ボースは、第十五軍の東部インド方面への作戦を強く要請し、牟田口軍司令官も、強く要望し、遂に方面軍が、さらに、南方総軍が、そして大本営も認可するにいたったのであった。

こうして作戦は開始されたが、作戦途中、二師団長（第十五師団長中将山内正文、第三十三師団長中将柳田元三）つづいて第三十一師団長中将佐藤幸徳が、その職を解かれた上、抗命罪によって軍法会議に付されたのである。

隷下の三師団長をことごとく短時日の間に解任するなど建軍以来前代未聞の不祥事であった。

結論だけをかき記すなら、インド進攻作戦は、第十五軍のほとんどの兵力を戦病死で喪い失敗に終わったのであった。従って、第五十六師団（龍兵団）の如く、雲南とビルマ国境北東方面の広大な地域、また第十八師団（菊兵団）のごとく、昭和十七年初頭以来この地の防御についていた諸兵団も、英印支他連合国軍の溢出する大軍団を支えつつ善戦敢闘し、諸方に玉砕部隊を続出しつつ南方へ撤退せざるを得なくなったのである。

不運なる小川少佐

ビルマ方面軍が、悲劇的末期を迎えようとしていた時、昭和十九年一月七日、第二十八軍

（司令官中将桜井省三）が新設され、かつて、ビルマにおいてインド独立協力工作のために大佐時代「岩畔機関」を設置した岩畔豪雄少将は、同軍の参謀長として同日補職され、再びビルマの土地を踏むことになったのである。

わずか二年後、ビルマ方面の様相は全く、変化していた。

牟田口第十五軍司令官が、インパール作戦を断念し、すでに四分五裂、各師団いずれも師団の面目を保っているものは一個師団もなかったが、烈、祭、弓各師団に対して、

「予ハ万斛ノ涙ヲノンデ『コヒマ』ヲ撤退セシム、シカシ『インパール』攻略ハ軍ノ最大ノ責務ナリ、必勝ノ信念ヲ堅持シテ、最後ノ一兵ニ至ルマデ死力ヲ竭サンコトヲ望ム」

との命令を下令せざるを得なくなった。昭和十九年六月四日のことであった。これより先五月二十四日、烈師団長佐藤幸徳中将は、五十数日間、弾薬、食糧の補給をうけることができず、独断退却を決意、左の無電を牟田口第十五軍司令官に打ってきたのであった。

「『烈』兵団ハ今ヤ糧食絶エ、山砲及ビ軽重火器弾薬モコトゴトク消耗スルニ至レルヲ以テ、兵団ハオソクトモ六月一日マデニ『コヒマ』ヲ撤退シ、補給ヲ受ケ得ル地点ニ向イ移動セントス」

第三十一師団のコヒマ独断放棄撤退はビルマ方面軍隷下第十五軍の崩壊敗走の端緒となったのである。この電文に驚き、激怒した牟田口中将は、

「『烈兵団』ハ補給ノ困難ヲ理由ニ『コヒマ』ヲ放棄スルトハ何事デアルカ、イマ十日間、現位置ヲ確保スベシ、シカラバ軍ハ『インパール』ヲ攻略シ、軍主力ヲ以テ貴兵団ニ増援シ、

今日マデノ戦功ニ酬イン」

といい、さらに電文の末尾に、

「一体、師団長ハ英霊ニ対シテ何ト思ウカ」

と結んであったといわれている。しかし、瀕死の状態となり退却を決意した大師団の敗走を阻む力は何ものにもなかったのである。

そして、例の、戦史にかつてない全軍の三師団長第十五師団（祭）山内正文中将、第三十一師団（烈）佐藤幸徳中将、第三十三師団（弓）柳田元三中将をことごとく罷免するという決定を牟田口軍司令官は発表した。

「五月に入ると、インパール方面を指向した敵の勢力は急激に弱体化した。だが、未だ撤退はしていない、コヒマでは空陸相呼応して、これらに徹底的な攻撃を加えた結果、敵の陣地は次第に孤立化し、包囲下に喘ぎはじめたのであった。インパールにおいて敵は奇襲をうけて甚大なる損害を出したのであった。ただ敵を一掃できなかった理由は、重畳として立ちふさがる山岳と密林のためであったのだ。コヒマの戦いは事実上六月五、六日に終わった」

（東南アジア連合軍最高司令官ルイス・マウントバッテン大将）

これより先、インド独立連盟本部は、シンガポールから、ビルマの首都ラングーンに移されており、十九年の夏、アラカンの悲劇と呼ばれるインパール作戦には、インド国民軍の一部は参加善戦したのであった。

岩畔元少将が、かつて著者に語ったところによれば、日本軍最後の部隊が撤退を開始するまで、インド国民軍はその陣地を確保したという。

すでに戦況は切迫しており、雨季直前、敵の機械化部隊はマンダレーから、ラングーンを目指して猛進撃をつづけ、四月二十日すぎには、その先鋒はペグーに近づいていた。

ラングーン、プローム、エナジョン方面の敵中に孤立して作戦しつつあった第二十八軍を見棄てて、ビルマ方面軍司令官木村兵太郎大将は、ラングーンを空路脱出し、モールメンに落ちのびたのであった。

また、在ラングーン部隊も、これにつづいて脱出したのであった。もし、敵部隊が、ペグーを占領することとなれば、ラングーンの日本部隊は敵に退路を断たれ、ふくろの鼠となってしまう。四月二十三日の夜から二十四日にかけて、ラングーン部隊は、ほとんどラングーンをすて、ペグーを経てシッタン河以東の地区に移動したのであった。

その四月二十三日の夜、光機関の小川三郎少佐は、悲痛な決意を秘めて、スバス・チャンドラ・ボースを訪ねたのである。同じ苦悩を胸にじっとかくしているのであろう、ボースは、日頃と同じような情熱と闘志とをその面上に浮かべ、澄んだ瞳を黒ブチの眼鏡越しに小川少佐をみた。

しかし、黙っているわけにはいかなかった。小川少佐は勇を鼓して
「ご承知のような切迫した情況となりました。まことに遺憾に存じますが、直ちに、方面軍司令官の所在するモールメンまで撤退して頂きとうございます」

口下手な小川少佐の言葉を、通訳をとおしてじっときいていたボースの、その湖心のように澄んでいた眼が、一瞬、ぎらりと鋭く光った。そして、しばらく小川少佐をみつめていたのであるが、たった一言、

「婦人部隊がまだ撤退を終了していない」

静かに言った。

「私は婦人部隊より先にラングーンを見棄てるわけにはいかない」

武骨な小川少佐はこの一語に、脳天をガーンとどやしつけられた気がした。大東亜の盟主と大声叱咤している大日本帝国軍ともあろうものが、いかなる戦況にもせよ、友朋を、共同作戦を誓ったインド国民軍を見棄て、というより、インド国民軍の婦人部隊を見棄てて、どこに武士道がある。日本軍人道はどこにあるのだ。

ボースはいわないが、ボースの心は日本軍をそんなふうに酷評しているのであろう。危急存亡の瀬戸際ではあったが、いや、あっただけに小川少佐は真っ赤になって恥入ったのであった。

ボースは、日本軍に対して激しい非難の鞭を心にかくしている。小川少佐はそう思った。一生をインド独立のために捧げ、英官憲に捕らえられて獄に投ぜられたり、ドイツに脱出し、Uボートで極東に帰り、自由インド仮政府の首席、インド国民軍最高指揮官たる一代の革命家チャンドラ・ボースの心に今、何が映り、何が描かれているか――小川少佐はフト眼を伏せたのであった。

「自分はインド独立運動の指導者である。インド革命の最高指揮官である。インド革命のために、英軍と戦っている八十名の、しかも婦人を戦線に棄て去って、指導者がさっさと安全地帯へ立ち去ることが何でできるのか？」

いや、もっとも一段と強い言葉が、ボースの心には押さえつけられていたに違いないのだ。しかし、小川少佐は、その言葉を想像することすらいやであった。

「閣下、必ず婦人部隊は小川が身をもって救出いたします」

そういいきって室を出た。

小川少佐はこういいきったものの、婦人部隊八十名の救出に、何の策ももってはいない。「光機関」は特務機関であった。実戦部隊と違って、救出するための機動力も兵力も握っていないのである。

といって、婦人部隊を救出しない限り、ボースは戦死しても、ラングーンを動かぬであろう。小川少佐は、初めて焦燥というものを感じた。光機関が、ボースを殺したとあっては、何で大東亜の盟主と呼号できるだろう。

すでに、敵のラングーン侵入は目捷に迫っている。所在日本軍がここを放棄してしまった以上、間もなく無人の野を征くように、ここに殺倒してくるに違いない。ボースが敵軍の手に渡ったらどうする？　革命家ボースは、英軍の手で恥ずべき死を与えられる前に、自決の道を選ぶにきまっている。

敵に渡すことも、自決さすこともできない。敗北の上に、さらに恥の上塗りだけは避けねばならない。日本の信義を、これ以上地に墜とすことはできない、どんな犠牲を払っても、八十名の婦人部隊だけは脱出させねばならない。小川少佐は悲壮に決意した。

二十四日午前二時——深夜であった。小川少佐は、ビルマ方面主任参謀の上村少佐の宿舎を訪ねた。

「トラック四輌、ぜひ貸してもらいたい」

上村参謀はあっ気にとられて、日頃から変人として評判の高い小川少佐を、まじまじとみつめた。変わり者もいいが、どたん場にきて、気がふれたかと言いたげである。上村少佐は、車輌などあるわけがないという。無い袖は振れぬともいう。

無い袖を振るのが武士道だと小川少佐はわめく。上村参謀は、後方参謀として、ひっくりかえるような多忙の中で、あっちからも、こっちからも、わあわあいわれて頭をかかえている最中であった。

「司令部と所在部隊脱出のため、四輌はおろか半輌の車も出せるわけがない」

「司令部や、所在部隊はここへ残って日本の最後を飾れッ」

「何っ！　無礼なことをいうな、一特務機関員が、方面軍司令部の作戦に容喙する気か」

互いに気がたかぶっている。軍刀の鞘を叩いて、今にも抜刀して決闘に及ぶほど険悪な状況となっている。

「君は軍人か、武人か、男か」

小川少佐の口下手はこれも方面軍中の評判である。昂奮しているので、しどろもどろである。

「他人に武人かとただされるほど、おれは魂をうしなってはおらん」

「よく言った。ボース閣下はここを動かぬ。おれは、ボース閣下とここで斬り死にして死ぬのは易い、また、そのつもりだ。しかし、婦人部隊をすてて、わがビルマ方面軍が逃げ出して、それで日本軍人といえるのか！」

「待て！　なんて言ったのだ」

上村少佐は思わず訊きかえした。小川少佐は、どもりどもり、ボース首席とのさっきの問答を語った。

「なぜ早く、それをいってくれない」

上村少佐もインド国民軍婦人部隊八十名が未だ戦場にとり残されている事実をきかされて愕然とした。上村少佐も、日本兵一個連隊を殺すことになっても、他民族の、しかも婦人部隊を救出するのは日本の武士道であり、信義に関する重大問題と了解したのだ。

インパール作戦の重要な作戦目標のなかには、スバス・チャンドラ・ボースをたすけて、インドへ侵入し、インド独立の夢をかなえるというものがあった。

それは槿花一朝の夢となったが、そのために、身を挺して戦っている婦人部隊だけは救出しなければ……。ビルマの戦いは惨憺たる終末ではあったが、せめて、その終わりにインド国民軍の婦人部隊だけは救出しなければならぬ。上村参謀も決意をかためたのである。

現に、第二十八軍は敵中に孤立したまま見棄てられていた時である。上村参謀は東奔西走、最後の輸送用として残してあった、文字通り虎の子の四輛を、強引に引き出して、八十名の婦人部隊をこれにつめ込み、二十四日の朝、まだ明けきれぬ暁闇をついて四輛のトラックはラングーンを無事脱出し得たのであった。

小川少佐は上村少佐の手を握って、無言で哭いた。言葉が出なかったのだ。しかし、上村少佐の握りかえしたその力強さのなかに、武士道が通った。小川少佐は、喜びに昂奮した表情をかくすことができず、その足で、ボース公館を訪ねると、一刻も早く、モールメンへの脱出を進言したのである。

ボースも快く、小川少佐の提言をいれ、ラングーンを退去することに賛成した。「光機関」の工作は成功したとはいえなかったかもしれないが、インド人に対する信義だけは破らずにすんだ――と小川少佐はほっとした。

これだけで小川少佐の任務は終わってはいなかった。インド国民軍の首脳部を、さらに、ラングーンから脱出させるために全精力を傾けたのだ。

立つ鳥は後を濁すな――「光機関」の後始末もしなければならなかった。二十四日は慌ただしくすぎ去った。かつての長官、岩畔機関長が第二十八軍の参謀長として、エナジョン――プローム――ラングーン道路上に踏みとどまって、敵の進攻を食いとめている。見棄てて退去することはできない小川少佐であった。

二十四日午後八時頃小川少佐は、ラングーンから車で約二時間ほどの行程、前方に位置している第二十八軍司令部に辿りついた、岩畔少将は、豪快な声をあげて小川少佐との再会を欣んでくれたが、

「おい、何を愚図々々しておる。早くモールメンへ退がれよ」

といった。

「閣下のことが心配で……」

といいながら、小川少佐は岩畔少将の好物、大切にとっておいたたった一個のトマト・ジュースの缶詰を差し出すと、

「わあッ、こいつはたまらん」

といったが、鼻をつまらせて、横を向いた。やっぱり、小川少佐を、岩畔機関時代からこのインド工作においたことは成功であったと思った。

早く帰れ、早く帰れ！　とせきたてながら、例によってトットッと語る小川少佐との久しぶりの会合に、夜の更けるのも忘れてしまった。小川少佐は、この地で戦死を覚悟している岩畔少将の心中を察したのだ。

小川少佐がラングーンへ帰りついたのは午前五時であった。ラングーンに帰り、最後の始末をしてラングーンをすてたのは二十五日昼前であった。

一行二台の乗用車がペグーへ到着するより早く、マンダレーより南下してきた英軍機械化部隊の先鋒が到着していた。

不運なる小川少佐の車だけが、よりによって、英軍戦車の銃砲撃をうけ、車もろとも炎上、小川少佐は戦死した。今一台の方は幸運にも九死に一生を得てシッタン河を渡ることができたのである。

第五章　「南」機関のビルマ独立工作

白馬の雷帝と白面の俊英オンサン

その当時として、日本の立場から対米戦争は避け得られたのではないか？　諸原因の探究は所詮は、死児の年令を数える愚に等しいかもしれない。

アメリカが戦争手段に等しい経済圧迫を、資源皆無の日本に加え、日本はこの打開に苦慮を重ねた結果、捨鉢気味になって戦端を開かざるを得なかった。アメリカも、日本がまさか最後の手段に訴えるようなことは万一あるまいと、高をくって、ねちねちと、あるいはびしびしと日本をいびり、いびり抜けば音をあげてひれ伏すであろうと考えた――見方もいろいろ出来よう。しかし、出来たところで、昭和十六年十二月八日の歴史は、消し去ることはできない。

敗戦国日本を顧みるために、支那事変、さらにその因ともなった満州事変と、過去にさかのぼるほどのことなく、直接、大東亜戦争の原因ともいうべき、日、独、伊の三国同盟と同様の比重をもって論じられるべきは、仏印進駐問題であったろう。

まず、三国同盟であるが、この締結が、日、米の運命を決定づけたといってもいい。このことは、日、米会談のために、陸軍から随員として、アメリカに派遣された陸軍省軍務局軍事課長岩畔豪雄大佐の、東条陸相に寄せた報告（昭和十六年五月七日）によってもうかがうことができるのである。
一、交渉（註、日米交渉）は速やかに進むる必要がある。然らざれば米は遂に参戦するに至るであろう。
二、ルーズベルトは目下何事をも為し得る地位に在る。
三、日米諒解案を関知しているのは、ルーズベルト、ハル、ノックス、ウォーカー及び秘書に過ぎない。秘密の保持は厳重である。
四、ハルは下僚中不同意のものは首を切るといっている。
五、フーバーと会談したところ、要すれば一肌ぬぐべしと云っている。
六、松岡外相は、目下盛んに風船玉をあげているようであるが、却って有利ではない。米の感情は寧ろ却って悪化している。
七、ルーズベルト、ハル共に松岡外相を信用していない。
一方においては、対米交渉をまとめたいという日本首脳部の苦慮は生易しいものではなかった。と同時に、アメリカが、対日戦争を真剣に検討しているという事実についても無視できないことも覚悟していたのである。

しかし、一度、対米戦争が開始された場合、海軍においても、その実戦部隊の最高指揮官たる連合艦隊司令長官山本五十六海軍大将のいうごとく、緒戦一年ないし一年半をもって交戦ぎりぎりの戦力であると報告している。

陸軍においても、反米感情とはウラ腹に、その主流ともいう勢力はむしろ、戦争突入を懸念し、回避を希求しながらも、また、一方においては、戦争への準備をも急速に行なわなければならなかった。

日本の生命とりとなった支那事変は、戦闘においては勝利を収めつつありながら、戦争の敗北を予見せざるを得ない様相を示していた。兵力や戦力や財力をつぎ込めばつぎ込むほど、底の抜けた袋から抜けてゆく水のように、どうしようもない情況を呈し、停戦も和平も不可能の段階に陥っていた。

日本軍は、戦争の終末を援蔣ルートをたち切ることによって結実させようとあせった。このようにして、仏印を経て蔣介石軍への援助ルートを押さえようとしたのである。その頃（大戦勃発一年半前）の大本営は経済封鎖と政治工作とによって、支那戦線の拡大を制止し、事変の解決をはかる外なしとしていたのである。

とくに糧道を断つ経済封鎖を最大の戦略と重視し、とくに仏印経由の援蔣ルートの遮断を考えたのであるが、中国と国境を接している仏印は、第三国である。蔣・国民政府に何を売ろうと自由である。

第三国たる仏印に手を出すことが日本としてできない以上、仏印からの補給ルートを中国側で粉砕するしかない。この戦略を大本営が立案し、「直ちに南寧を攻略すべし」としてこれを支那派遣軍に命令した。

ところが、支那派遣軍は、南寧攻略などやってみてかりに成功しても、国府は直ぐ新しい補給路を建設するにきまっている。三ヵ月もあれば自動車道路を完成し、六ヵ月もあれば公路と称しうるルートの開発は目にみえている。無駄である上、下手をすればこっちが補給困難で孤立してしまうと反対してきた。怒った大本営は、そっちがやるのがいやなら頼まん、大本営は新しい軍を編成して、南寧作戦をあくまでやる、といきまく。

こういわれてはやらざるを得なかった。しかし、やって南寧は手には入れたものの、国府軍の大反攻はあるし、援蔣ルートの遮断という一事については完全な成功とはいえなかった。

昭和十五年十月二十三日、南寧を撤退することとなった。

これより先、同年六月。欧州においてフランスはドイツに降伏した。

日本は、同年九月五日命令が出て、同月二十三日進駐し、仏印に対して、援蔣を禁止させるとともに、その監視員を常駐させることとしたのである。

しかし、この進駐まで、紆余曲折があった。松岡洋右（外相）とドイツに協力していたヴィシー新政府のアンリー大使との間に幾度か折衝が進められ、八月三十日に「原則的諒解」が成立したのである。これは「松岡・アンリー協定」と呼ばれるものである。

これには、フランスの主権及び領土を日本は尊重することを約し、この協定は、支那事変遂行中に限られることを合わせ約したのであった。

右協定に基づいて行なわれる兵力進駐の細目に関しては、仏印政庁と大本営仏印派遣富永機関長との間において九月四日になってようやく成立した。だが、不幸なる事件が突然、翌五日突発した。森本大隊の協定無視越境という事件がおこったのである。

富永（恭次）少将、佐藤（賢了）大佐は驚いて、佐藤大佐は鎮南関に急行し事情を調査した。大隊長の弁解をきくとこういうことであった。現地警備の任についていた大隊には、朝令暮改の命令が一日何回となくとどく。交渉がまとまったから警備を解けとあるかと思えば、警備を厳にせよとか。ところが四日十一時ごろ、交渉は成立したという報告がまた入ったが、いつまた、報告に変更があるかもしれない。

成立なら警備を解いても現駐地へ戻るのだから、行軍して仏印のドンダンの町を大隊の兵に見物させてやろうといった軽い気持で出掛けたというのである。軽い気持であったかもしれない。だが、少なくとも、大隊長たるものが、現に行なわれつつある交渉が、朝令暮改である点からみていかに難航しているかを考えるべきで、少なくとも武装した一個大隊が越境したという事実はどうみても協定違反の越境に外ならない。

戦場において、また、他国民との交渉時に際して、言語の相違、風俗習慣の差異等が、何の悪意もない不用意な——言行が、破局を招くことは決して少なくない。

相手の仏印側隊長も老練な将校であったため、衝突にもならず、注意をうけると直ちに森本大隊はそのまま直ぐ引き返したのであったが、仏印当局は、この一小事件をもって、日本の違反、不信行為として難じたのであった。前後の経過から当然のことであったろう。

佐藤大佐は、南支那方面軍参謀長根本博中将に、なぜ、もっと詳しく越境の事実を調べて来なかったと叱り飛ばされたのである。

機密戦、謀略戦には、繊細な神経や注意力を必要とする。「対伯工作」の項においても、不用意なたった一語の失言が――この場合、いささか責める方が無理なくらいと思われるが――永年かけた工作を水泡に帰す結果となるのである。

もっとも、森本大隊は、万一、交渉が決裂した場合は夜襲をかけて堅固な保塁を奪取する秘命をうけており、多少、疲労しており、交渉成立ときいて心のゆるみが出たのかもしれない。

細目の協定のなかには、もし日本軍が威嚇的態度をとったなら協定は破棄するという条件があった。

この越境事件には、統帥々々でこりかたまっている東条陸相が激怒した。その処分は側近さえもそれほどまでにしなくてもと、声を出したほどの厳しいものであった。

森本大隊長はもちろん現役を追われた。直属上官の連隊長三木大佐、さらに、上司の第五師団長中村明人中将、その上の第二十三軍司令官久納誠一中将、最高指揮官ともいうべき、その上級の南支那方面軍司令官安藤利吉中将、全て現役追放となったのである。

中央部においても、第一部長の富永恭次少将も一部長をやめさせられ、部付となり、作戦主任荒尾興功中佐もやめたのである。

石油等重要物資を入手するために、北部仏印進駐が行なわれ、日本の南進の第一歩はここに踏み出されたのであった。しかし、この仏印進駐と日独伊三国同盟は、アメリカの神経を刺し、米は、屑鉄、鉄鋼の輸出禁止を打ち出し、英は、援蔣ビルマルート再開を通告してきたのである。

十二月一日午前零時

支那事変は、日本軍の進攻が深く伸長するに反比例して、ますます勝利を困難にするばかりか、先にかいたように戦闘に勝って、ますます戦争に敗ける危険な様相を呈していた。中国を援助するルートがある限り、終結を求めることは困難を極めている。仏印の援蔣ルートは一応遮断することを得たが、ビルマルートはますます健全に、正確に脈打っているのである。

昭和十五年、日本は反英運動の一人の青年を発見した。オンサンであった。オンサンは、ビルマ独立を生涯の夢として、激しい反英運動を展開し、英軍からのきびしい追及をまぬがれて日本へ亡命してきたのである。二十五歳の青年であった。

参謀本部は、このオンサンを援けることによって、後方撹乱の任務を与え、レド・カマインを経由、ミイトキイナのいわゆるレド公路、さらにミイトキイナから、バーモへ、騰越、保山を経て昆明への旧シルクロード、すなわち、重慶への援蔣ルートの破砕を、オンサンを中心とするビルマの反英運動の青年たちに決行させようと意図し、これを軍事的に訓練した。

昭和十六年一月。参謀本部付、蘭印駐在の鈴木啓司陸軍大佐（後少将）に「南」という特務機関の編成を命じ、機関長として、オンサンの特務工作支援に任じたのであった。

鈴木大佐の経歴をみると、昭和四年十一月陸大を卒業、六年三月参本に勤務、同十二月、参本部員となり、七年十二月フィリピンに潜入、同八年八月少佐。十二年中佐、十四年八月大佐。同年十二月参本付として蘭印に駐在し、十五年七月から十月までビルマに出張を命ぜられていたのである。

対ビルマ地下工作には最適任者といえた。その機関員として、「陸軍側から川島威伸大尉、野田毅中尉、高橋八郎中尉、加久保尚身大尉、山本中尉、それに私（註、杉井満）たち五名、海軍側からは児島大佐、日高中佐、永山少佐、元海軍大尉国分正三ほか二三名が正式に発令され、昭和十六年二月一日、南機関は初めて大本営直属機関として認められることとなった」（杉井満）

杉井の記録によると、杉井を「南」機関員に推したのは、民間側の樋口猛であり、杉井はさらに水谷伊那雄を推して南機関員の一人としている。

初め、参謀本部も正式に承認せず、従ってその謀略資金も出ず、工作に必要な資金を、樋口は塩水港製糖の岡田幸三郎社長にたのみ、岡田社長が快諾して、工作に着手できたと杉井は語っている。

ここで、ビルマ作戦について語っておかねばならないだろう。

対米英戦争が必至となった昭和十六年九月四日御前会議が開かれ、戦争開始が論ぜられ、杉山参謀総長は、天皇からひどくお叱りをうけた。総長は天皇の御質問に手軽なお答えをした。すなわち、南方諸要衝を攻略するのは五ヵ月という期間をお答えした。杉山総長は支那事変勃発当時の陸軍大臣であった。天皇は、その時、杉山陸相が楽観的に、数ヵ月で終結させると称し、今なお、続いている事変のことを、ご指摘になってお叱りになったのであった。

しかし、戦争は次第に足音を高くして近づきつつあった。重臣軍部も、回避に努力しなかったわけではない。できるなら危険なる戦争は避けたかったのである。

日・米だけの戦略物資の二、三を比較してみれば一目瞭然であったからである。例えば、鋼鉄は、九千五百万トンに対する日本の僅か四百万トン、二十四に対する一であった。飛行機は十二万機に対して一万五百機、これも日本は八分の一である。石炭は十二対一という比率である。

もっとも大切な石油にいたっては、比較の方法さえないという貧乏国である。

軍部にとって、このままずるずるアメリカのいうことをきいていれば、ますます苦境に陥り、遂にはその比率は増大の一途を辿り、一年半、あるいは二年弱後には、戦わずして全面的に屈服せざるを得ないと、計算した。戦争回避論者は、このような比率ではとうてい勝ち目はない、相当きつい要求も呑み、戦争は回避すべきであると主張した。

主戦派は、このような比率であるがゆえに一戦して、早期決戦で勝利を占めるべきである。このまま荏苒日を無為にすごした場合、敗戦よりも惨めな敗北を喫するに違いない、と主張する。

そして、十一月一日（昭和十六年）、東条首相は三つの案を提示した。

第一条　戦争を極力避け臥薪嘗胆する。

第二条　開戦を直ちに決意し、政戦略の諸施策をこの方針に集中する。

第三条　戦争決意の下に、作戦準備を完整するとともに、外交施策を続行してこれが妥結に努める。

東条首相は、第三案をもって実行案と心に定め、参謀総長杉山大将と会談した。総長の主張するところはあくまでも第二案であったのだ。首相は前夜、各大臣とそれぞれ単独で会談したところ、海軍大臣、大蔵大臣、企画院総裁、三者すべて第三案を主張し、外務大臣のみそのいずれか判明しないと語り、陛下は大戦争となるであろう今回の決定に御心を悩ませられ、まずおききとどけになるまいと語った。

総長は、統帥部の考えはきのう佐藤軍務課長に通じておいたとおりである、直ちに開戦を決意すべきことを主張し、第三案に決定することは九月六日の御前会議へ逆戻りではないかとの意見であった。

東条首相は、戦争を決意して戦争準備をすすめるという点は、九月六日の決定よりずっと進んでいる。統帥部の主張をとめる気はないが、とうてい陛下に御納得頂くことはできまいと答えたのである。

総長も、陛下におききとどけ願うことは困難であると承知しており、万止むを得ぬ場合のみ第三案に決定する外はないと思うがと、つまり、統帥部として戦機を遁すことをおそれていたのである。

遂に首相と統帥部の意見は一致せず、服部戦史は、この間のことを「陸軍において、省部首脳の間に、かくの如く重大意見対立のまま連絡会議に臨んだことはまことに稀有のことで前例のないことである」とかいている。

このようにして十一月一日の連絡会議は午前九時から二日午前一時半にやっと終わるという大会議となり、開戦か否か、大論争となったのである。軍令部総長も第二案、今直ちに開戦すべきである、今をのぞいて戦機はないと強く主張し、外相及び蔵相は、「そのような決心をする前に、二千六百年の歴史を有する日本の国運を賭する一大転機であるから、何んとか最後の交渉をやるようにしたい。企図秘匿のための外交交渉などはできない」（服部卓四郎著「大東亜戦争全史」）

参謀次長は「直ちに開戦を決意する」と、「戦争発起を十二月初頭とする」この二点を決定してくれなければ何も手をうつことができないと主張した。

外交交渉の締切時間でまたまた激論が交わされることとなった。つまり、対米交渉が日本時間十二月一日午前零時までに成功した場合は戦争発起は中止することができるというのである。

日本は、対米交渉に「甲案」と「乙案」の二案をもって妥結を意図した。

甲　案

一、支那における駐兵及び撤兵問題

本件に付ては米国側は駐兵の理由は暫く之を別とし　(A)不確定期間の駐兵を重視し、(B)平和解決条件中に之を包含せしむることに異議を有し　(C)撤兵に関し更に明確なる意志表示を要望し居るに鑑み次の諸案程度に緩和す

日支事変のため支那に派遣せられたる日本軍隊は北支及び蒙疆の一定地域及び海南島に関しては日支間平和成立後所要期間駐屯すべく爾余の軍隊は平和成立と同時に日支間に別に定められる所に従い撤兵を開始し二年以内に之を完了すべし（註）所要期間に付米側より質問ありたる場合は概ね二十五年を目途とするものなる旨を以て応酬するものとす

二、仏印における駐兵及び撤兵

本件に付ては米側は日本は仏印に対し領土的野心を有し且つ近接地方に対する武力進出の基地たらしめんとするものなりとの危惧の念を有すと認めらるるを以て次の案程度に

緩和す
日本国政府は仏領印度支那の領土主権を尊重す、現に仏領印度支那に派遣せられ居る日本国軍隊は支那事変にして解決するか又は公正なる極東平和の確立するに於ては直ちに之を撤兵すべし

三、支那に於ける通商無差別待遇問題
本件に付てはすでに提出の九月二十五日案にて到底妥結の見込無き場合には次の案を以て対処するものとする。

日本国政府は無差別原則が全世界に適用せらるるものなるに於ては太平洋全地域即支那に於ても本原則の行わるることを承認す

四、三国条約の解釈及び履行問題
本件に付ては我方としては自衛権の解釈を濫に拡大する意図なきことを更に明瞭にすると共に三国条約の解釈及び履行に関しては我方は従来屢々説明せる如く日本国政府の自ら決定する所に依りて行動する次第にして此点はすでに米国側の了承を得たるものなりと思考する旨を以て応酬す

五、米側の所謂四原則に付ては之を日米間の正式妥結事項（了解案たると又は其他の声明

たるとを問わず）中に包含せしむることは極力回避す

以上「甲案」と呼称されてはいるが、「乙案」なるものは何人も知らず、とうてい「甲案」では米は呑むまいと称して東郷外相が、陸、海軍に何の連絡もなく、突然、連絡会議で提案したというものであり、統帥部も「乙案」なるものは寝耳に水で、大いに憤慨したと、当時、軍務課長佐藤賢了少将（16・10＝17・4軍務局長、20・3中将）はその著「言い残しておくこと」にかいており、乙案の突然の提出には、東条首相も知らず面喰らったということである。

しかし、佐藤少将も、不意打ちをくったときはちょっと憤慨はしたものの、「甲案」ではアメリカが承知すまいと考えており、もっと大幅に条件を緩和せねばなるまいと思っていた折だったので、東郷外相提案に同意支持する気持に変わった。

「乙案」とは、一言にしていうなら、支那事変の解決も、欧州戦争への日米不介入という一切の理想を放棄して、ひたすら日本の首にかけられた縄をゆるめてくれないかと哀願するようなものとなっていた。しかも、それが認められれば、南部仏印に進駐した軍隊を北部仏印に移す、つまり、南部仏印進駐を取り消すことまで議歩しようとするものであった。石油さえくれれば、南進を止めて後退しようとしたのである。

東条首相は、説得また説得、やっと参謀総長、軍令部総長に「乙案」を同意させたが、佐藤課長を呼んで、下のものがひっくり返すようなことがあれば、下剋上もはなはだしいから注意するよう厳しく命じたのである。

佐藤課長は、「乙案」を出しても、アメリカは戦争するつもりだからきき入れはしないでしょうが、日本の開戦の正当性を主張できるわけですね、というと、首相は、「乙案」は開戦のための口実ではない、この案で何としても妥結したいのだ。反対者があれば、たとえ総長であろうとも首をきる覚悟までしていた。白紙還元の御諚と陸軍の統制力とを期待させて天皇は東条内閣を任命されたのだから、陛下のこの御気持に対して、身をもってあたる決意だった、と語ったという。そこまで考えるなら、いっそうさらに臥薪嘗胆の案を採ればいいではないかと思われよう。が東条首相はいっさい戦争をしないことを考えた。国内には主戦論が圧倒的に多いし、アメリカに屈伏すれば内乱が起こるかもしれない。しかし、この方は憲兵、警察を握っているから押さえることはできる。

開戦の戦機をのがし、油もなくなり、日本が足腰立たなくなってから、アメリカに出て来られたらどうする。軍事のプロフェッショナルたちは、すでに四年余の支那事変での戦力消耗と、前述の日本とアメリカ一国とだけの鉄、石油等戦時重要資材の対比表をみただけでもわかるとおり、日が先にのびるに従って、その比例は日本に分が悪くなる。軍令部総長はそれを心配している。また、外相はアメリカは出てくる筈はないという。果たしてアメリカが攻撃してくるはずはないかどうかそれは神以外にはわからないことである。

ジリ貧になってから戦えば元も子もなくなるし、ぜんぜん勝つ見込みがなければ戦わないが、確実ではなくとも勝算があれば、プロの軍人としては戦わずに屈するわけにはいかないのだ。だから、外交と戦争の二本だてで進むことにした、せざるを得なかったというのが東条首相の考えであり、決定に苦悩したという一事も嘘ではなかったろう。

乙　案

一、日米両国は孰れも仏印以外の南東亜細亜及び南太平洋地域に武力的進出を行わざることを約すべし

二、日米両国政府は蘭領印度に於て其の必要とする物資の獲得が保障せらるる様相互に協力すべし

三、日米両国政府は相互に通商関係を資金凍結前の状態に復帰せしむべし米国は所要の石油の対日供給を約すべし

四、米国政府は日支両国の和平に関する努力に支障を与うるが如き行動に出でざるべし

備考

①必要に応じ本取極成立せば南部仏印駐屯中の日本軍は仏国政府の諒解を得て北部仏印に移駐するの用意あること、並びに支那事変解決するか、又は太平洋地域に於ける

公正なる平和確立の上は前記日本国軍隊を仏印より撤退すべきことを約束し差支無し
②尚必要に応じては従来の提案（最後案）中にありたる通商無差別待遇に関する規定及び三国条約の解釈及び履行に関する規定を追加挿入するものとす

全て、支那事変の解決への喘ぎが感ぜられる。面子も毀したくはない。主張は通したい。数字の上の勝敗はきまっている。しかし、賭けとなれば必ずしも敗けるとは限らない。支那事変を面子をつぶさず、有利に解決する鍵は、仏印からの重慶政府への救援ルートとビルマルートにある。

解決への道は全て、日米戦争へつながる道である。

賭けの最大なるものは、緒戦に大勝利を占めて、早急に講和、それも有利な立場にたって和解の機会をつかもうというものであった。長期に亘れば、勝敗の数字がはっきりとその帰結を示していたからである。

しかし一度投げられた賽が、日本に大勝利を与えたとする。この場合惨たる敗北を喫した大国がどんな機会であれ和解する気になるであろうか。ひと度、大鉄槌を加えられた相手が、加害者に、しかもそれが世界随一の大国を自負する国が、不利なる条件を呑んで旗を巻くであろうか。

統帥部の「然し、結局太平洋上の戦略要点を全部我が手に収めることにより、兵力劣勢でも各種の作戦考案を施し得るから、無為にして二カ年を経過したる場合よりも、有利なことは明瞭となった」（大東亜戦争全史・第二巻）といい、戦うは「今である。戦機はあとには来ない」「軍令部総長は『来らざるを待む勿れ』」と言い切った。

十一月二日、大勢は開戦にほぼ決定し、同五日の御前会議の結果、十二月初め、日本は武力をもって対米英蘭戦争の決意を議決したのである。

野村遣米大使をして、ハル国務長官に甲案を提示し日本の最後的譲歩なる旨、通告せしめたのである。後、折衝を重ねたが、打開の途なく、真の最後案として乙案を提示し、これが日本の妥結の最後案にして、これ以上は決裂も止むなしと通告した。

十一月二十六日。野村大使ならびに来栖大使を国務省に招いたハル長官は、日本の提示した乙案にも応じかねる旨、かつ、新たに新しい提案を示した。

日本が最後通牒とうけとった『ハル・ノート』であった。

これより先十一月六日、南方軍の戦闘序列の発令をみた。

総司令官寺内寿一大将

第十四軍　軍司令官本間雅晴中将

第十六師団、第四十八師団、独立混成第六十五旅団基幹

第十五軍　軍司令官飯田祥二郎中将
第三十三師団、第五十五師団（一部欠）基幹

第十六軍　軍司令官今村均中将
第二師団、独立混成第五十六旅団基幹

第二十五軍　軍司令官下山奉文中将
近衛師団、第五師団、第十八師団基幹

第二十一師団
第三飛行集団―戦闘四戦隊、軽爆三戦隊、重爆三戦隊、偵察一戦隊基幹
第五飛行集団―戦闘二戦隊、軽爆三戦隊、重爆二戦隊基幹、第二十一独立飛行隊

其他

泰国ならびにビルマ方面の作戦担当は第十五軍であった。軍司令官飯田祥二郎中将と、ビルマ独立の青年志士オンサンとのつながりも、この作戦によって生まれることとなるのであ

る。

対オンサン工作の失敗、オンサンの裏切りについて、飯田軍司令官の回想は、もっと後年、戦後になる。日本の行なった全ての謀略工作についての反省として、大なり小なり共通点をもつものではないかと思われるのである。

ビルマにおいて反英運動を企図、ビルマ独立の志士として、英政府から追放をうけたのはタキン党の首領タキンミヤと、前記のオンサンであった。

オンサンの率いる独立党は「学生連盟」といい、オンサンは当時僅か二十五歳の青年であった。南機関の活動をかく前に日本のタイ施策と、対ビルマ作戦を簡単にかいておかねばならないだろう。

南方作戦が決定し、必然的にマレイならびにビルマ作戦を遂行するためには、泰国との協調が必要であった。仏領インド・シナとともに泰の領土は前記作戦遂行のためにぜひとも必要とした。

昭和十六年一月、泰国に対する日本軍への協力を必要としながら、何らの手も打たれていなかったのである。つまり、日本としては南方作戦を開始する以前、泰国との間に軍事的な協力関係をとりつけておきたかったのである。そのことはすでに「帝国国策遂行要領」の中においてもうたわれていたのであった。

泰のビブン首相は親日的と信じられてはいたが、泰全体の傾向としては必ずしも親日的ではなく、むしろ、永年の親英的傾向がはるかに多く強かったのである。

なお、泰の好意的傾向を信じ、南方作戦発起を秘匿するために、進攻作戦直前に泰国内の通過を、その政府に要請、できる限り平穏裡の日本軍通過は求むるが、もし、泰がこの要求をいれなかった場合でも、泰国を通過する。その場合、泰国の軍隊との衝突は出来る限り極限し、泰国が希望するならば日本との間に「共同防衛協定」を締結してもよい。

これらの諸協定、諸交渉は一切、七日（つまり十二月八日）午後六時以後七日午前零時以前、陸軍最高指揮官から駐タイ（坪上）大使に連絡する。


幸いにして、外交交渉により、泰国の協力するところとなり、飯田第十五軍は十二月八日泰国領土に第一歩を印し、翌九日には泰国の首都バンコックに進駐することができたのである。

飯田軍司令官は、徒歩と鉄道によってバンコックへ集結した隷下第五十五師団（師団長中将竹内寛17・12・1）の主力を泰領、ラヘン、メソードの間に、一部をカンチャナブリー地区への集結を命じたのである。

昭和十七年一月十日、隷下の第三十三師団（師団長中将桜井省三）も輸送船団によってバンコックに上陸し、司令官は直ちにラーヘン付近への集結を命じたのである。

こうして泰ピブン首相の積極的な協力は十五軍の作戦を成功させたのであった。とくに有名な悪路を車輛用の道路に改修し、進攻を容易にしたのである。

当時、ビルマに配備された敵の兵力は、約四万（歩兵三十七コ大隊、砲兵十三コ中隊基幹）と推定され、他に強力なる中国軍と、印度軍が北方ビルマから南下展開する気配がみられた。

飯田軍司令官は、五十五師団の一部、つづいてその主力、第三十三師団を南部ビルマに向かって進攻せしめたのである。一月十九日、五十五師団はタボイ、同二十二日、カウカレーを占領、三十一日にはモールメンを占領し、二月四日、三十三師団はモールメンの北方パーンを占領したのである。

大本営は二月九日、飯田第十五軍司令官に「ラングーン地方へ進出、かつ成るべく北方に地歩を獲得し、マンダレー及エナンジョン付近への作戦」準備を下令したのである。

司令官は、五十五師団、三十三師団をしてラングーン攻略を命じ、自身は、二十三日、チャイトに軍戦闘司令所を進め、隷下部隊の指揮をとった。三月五日ラングーン攻略の令を三十三軍に下達。七日夜、ラングーンを猛攻、八日朝、遂にラングーンを占領した。

飯田軍司令官は三月九日、ビルマの首都ラングーンへの入城を完了したのである。

以降、第十五軍の作戦は順調に進捗し、三十三、五十五両師団は軍命令により、トングー飛行場、バセイン飛行場を占領、三月二十五日隷下に増強された第五十六師団（師団長中将渡辺正夫＝17・12・1中将松山祐三）はトングー付近に集結したのである。

さらに、ビルマ作戦に投入された第十八師団（師団長中将牟田口廉也＝18・3・18中将田中新一）は五月一日、マンダレーを占領したのである。軍司令官はマンダレーに司令部を進め、五十六師団のミイトキーナ（ミチナ）攻略を命じたのである。同師団は敵を急追して五月三日、バーモ、同八日ミイトキーナを攻略し、引き続き北東方、畹町、芒市、竜陵、ラモウ、騰越等、英、支両軍の占めていた要衝をことごとく占領したのである。

裸足の飯田軍司令官

南機関をかく前に一つだけ飯田軍司令官の挿話をかいておきたい。ビルマが、仏教国であることは今さらいうまでもない。第十五軍がビルマ全域を押さえ終わると、軍司令官は、パゴダ参拝を思い立った。しかし、今までの習慣で、寺院内に土足で入ることは禁じられている。といって最高指揮官たるものが裸足になって寺院まいりすることの是非は、デリケートな問題として考えねばならなかった。

ところが、昭和十七年十一月、南方軍総司令官寺内大将が、視察のためラングーンに来たとき、ぜひパゴダに参詣したいとの申し出があり、ビルマ側と折衝した結果、靴下のままでいいということになった。

飯田中将は、進駐以来、日もたっているし、靴下もとってほんとうの裸足のまま参拝した。誰も知るまいと思っていたら、そこは新聞記者、目ざとくみつけて記事にしたが、ビルマ側はもちろん、記者側にも好感をいだく結果となったという。

機密戦の底にはこの心がけが不可欠な条件であろう。

オンサンが、日本へ亡命脱出してきたのは、昭和十五年晩秋というより初冬のことであった。二十五歳の若さであった。

前述したように参謀本部が、ビルマ作戦の尖兵として、後方擾乱のためこれを利用し、一方、鈴木啓司大佐（後少将）を対ビルマ地下工作の責任者として「南機関」が出発したのであった。

鈴木大佐は、先にかいたように、南方研究の権威であった。杉井満の手記によると、鈴木大佐は、「日緬協会」の書記長南益世なる偽名のもとに、水谷伊那雄、杉井満の三名で、日本を秘かに出発して、泰国首都バンコックに向かった。

バンコックに着くと、駐泰武官補佐官であった田村浩大佐と緊密な打ち合わせをして、三人は、ビルマのラングーンに潜入したのである。田村大佐は十七年八月少将、十九年十二月には俘虜情報局長官（20・4中将）として終戦まで活躍した人である。

当時、ビルマ独立運動の真の中心人物は、前首相のバーモであり、その両腕ともいうのがタキン・ミヤ、オンサンであった。しかしバーモは、現状のように小党分立していては真の独立運動は成功しないとつねづね嘆じていた。

今一つの独立運動の志士はバセインやオンタンなどであり、かれらは運動方針において反バーモグループであり、これらのバックには日本海軍があり、海軍を背景にして国分正三らが支持していたのである。

もちろん国分派は、いかにも偽名らしい南益世などという男たちが、ビルマでうろちょろしているのを不快に思っていた。まさか参本派遣のビルマ独立運動支援の大佐を長とする謀略機関とは想像もしなかったのであろう。

どこの地域でもみられたように、連繋なく、互いに面子（？）争いや、功績争奪のために、工作自身が不成功に終わる例が多かった。もちろん、謀略であるゆえ、その言動は、秘密の上にも秘密を要することはよくわかるが、互いに、相手の足を引っぱりあうような結果となり、逆に敵に乗ぜられてスキを作るのであった。

南機関では、非常に動きが派手で反バーモ的なオンタンらを避け、地味に着実に反英ビルマ独立運動をすすめているバーモ派のオンサンやタキン・ミヤの方を支持することにきめ、オンサン、タキン・ミヤとの接触を計ろうとしたのである。

南益世の鈴木大佐も、杉井、水谷らも、オンサンらの顔を知らない。そこで知己のテイモン博士に、二人をさがし出してもらうよう連絡をとったのである。一方、南、杉井、水谷の三名は、連絡をたのみ、バンコックへ飛び、以後、オンサンを面田紋次、オンサンの同士、ラミヤンに糸田貞一という日本名の偽名をさすこととして、二人を日本人とフィリピン人の混血児にしたのである。

その頃、オンサンに対して、英国は反英のリーダーとして逮捕状を出し、血まなこになって探索をつづけていたので、アモイに潜伏中のオンサン、ラミヤン二人を苦心の末さがし出し台湾へ飛行機で送り、台湾軍司令部から日本へ飛行機で亡命させたのであった。

杉井満の記録によれば、テイモン博士が作ってくれた二人の写真をコロンスの日本憲兵隊神田少佐に送り、少佐の力で二人はアモイの宿屋で探し出されたとある。そして、鈴木大佐と杉井両人は、一足先、バンコックを飛行機で飛びたち、上海経由、東京に先着してオンサンの面田紋次、ラミヤンの糸田貞一を迎えたのであった。

二人の感激はいうまでもなかった。

だが、まだこの頃、南機関には工作予算が出ていなかったようである。南益世の鈴木、杉井二人は私費をもって、二人に服やオーバー、あるいはフトンなども買い与え、三度の食事はいうまでもなく、散髪から風呂銭にいたるまでまかなわなければならなかったようだ。軍資金が底をつくと活動して集める役割は同志の一人である樋口猛に一任する外はなかったのだ。

「南」機関のアジト

だが、昭和十六年二月、対米英蘭戦は必至となった。対ビルマ工作について、海軍とか、陸軍とか、いまさら縄張り争いをしているような余裕はなかった。

それこそ、当時の流行語ではないが、打って一丸となり、国家非常時に当たらなければならなかった。こうして海軍系国分正三も「南」機関の一員として発令された。

亡命し、日本に滞在している間は、オンサン、ラミヤンらが怪しまれてはならない。住居も転々とし、一切の言動をカムフラージしなければならなかった。

南機関、機関長南益世も偽名なら、機関の正式看板は「南方企業調査会」であった。「南機関」が表面「南方企業調査会」と偽称し、大磯にあった山下汽船社長山下亀三郎別邸をアジトとしていたのである。

昭和十六年二月、謀略方針を左のように決定した。

㈠、海上班及び泰国班をもってビルマから独立党志士約三十名を海路または緬泰国境を経て脱出させ、これを海南島に集めて軍事訓練を行なう。

㈡、訓練後の志士には武器を与えてビルマに投入、独立工作の実行に当たらせ、日本は外部からこれを支援する。

㈢、南ビルマのテナセリムを占領したら直ちに独立政府を作る。

㈣、続いて占領地域を拡大しビルマから英人を駆逐し援蔣ビルマルートを遮断する。

機関員もそれぞれ必要に応じて、適当な偽名を用いたことはいうまでもない。「ビルマ独立運動と南機関」の筆者杉井満の偽名は南方へ進む、つまり南岡進となったのである。

機関長からの公式命令が下ったのは二月十四日であった。

それによると、南岡進は、十五日出航の春天丸に、事務長として乗船し、面田紋次の行動を指導援助すべしとあった。また、革命党員（註、独立運動志士たち）の脱出を手助けし、これを教育実施地に送りこむ任をあわせもち、ビルマにおける情報の蒐集をも命ぜられたのである。

面田紋次は、春天丸の事務員に偽装し、南岡事務長とともにビルマに潜入、独立また独立運動援助の計画準備を調えた後、なし得れば南岡事務長は再び同船で帰還せよとの命をうけとったのである。

さらに、南岡事務長の受けとった命令は、ラングーンの日本領事館に一領事館員として潜入していた大野海軍予備大佐と連絡して、南機関長らの企図するビルマ方面における地下工作に協力援助するよう、機関長命を口頭で伝えることであった。

ビルマルートの閉塞は、未だ公然と日本の手で行なうことはできない。参謀本部公認の「南機関」の手によって行なうなら別である。

「南機関はオンサン以下三十名のビルマ青年を収容し、主として海南島で独立運動の為の訓練を行なった。此の訓練はビルマ青年にとっては骨身に徹した訓練であり、苦しくはあったが、其の修得した精神的効果は大きく、オンサン爾後の行動の基盤は此時に作られたといっても差し支えあるまい」と、飯田祥二郎著は語っている。

その心の基盤となるものは日本武士道精神であり、オンサンは、とくに明治維新の志士に激しい憧れをもっており、飯田司令官によれば、オンサンは「其の性格から見ても高杉晋作、坂本竜馬というタイプ」であったとある。

目的港に着く以前、調査しておきたい島々があった。南岡は意を決した。すでに船長だけは二人の行動の一端は知っていたが、一等航海士、機関長にも任務を打ち明け協力を得ることとした。

上陸以後、南岡、面田二人の活動はあたかも「スパイ大作戦」を地でいくような活動ぶりであった。工作名「南岡進」こと、杉井満の回想録を借用して、その潜入行を紹介したいと思う。

南岡は、秘密書類をゴム袋につつみオンサンの虫歯の穴にかくし、危険な上陸を止めゴム服を着用して水中から潜入を計画したが、オンサンが金ヅチときいてこの方法はとりやめにし、機関長と三人がバナナを買いに下船し、数百メートル先の密林へ駆け込んだのである。林に入ると、二人は腹に巻いていたビルマ人の着物と着換え、南岡は変装用の入れ歯とルビーをもってバイセン潜入に成功し、ラングーンに向かったのである。

警官や税関が春天丸を調べに来たのは、オンサンが、遁走したあとのことであり、オンサンのすてた服を機関長が重ね着して南岡とともにゆうゆうと船に戻ったのである。

春天丸が出航する前、英官憲が乗船すると厳重な人員点乎を行なったが、すでにすべて手遅れであった。船員簿も初めから偽装してあったからである。今や、英国は、自分の支配する国内に、飢えた虎が潜入したことを知らないでいた。

船はバイセン港を出航すると、ラングーンへ向かい入港する。南岡は事務長服をすてて、セビロ服に着換え、町中へ潜んでオンサンとの連絡を待つこととする。秘かに車が廻されると、郊外に向かって疾走した車は、百姓家の少し手前で停車、オンサンとタキン・ミヤは南岡を待ちうけていたが、彼の顔をみると、オンサンは走りよるように近づき、その手をしっかりと握ったのであった。

この瞬間だけであったかもしれない、日本の協力を心から欣ぶビルマの顔があったのは。

ビルマ国内の同志との連絡はすんだ。英政府指名手配のオンサン、タキン・ミヤ他三名を船に回収しなければならなかったが、英官憲は、日本から着いた春天丸を怪しいとマークしにらんだ。船の内外には、ビルマ警察官が厳重に張り込んでいた。

南岡進の焦燥は次第につのるが、ビルマ官憲はのんびりとゆうゆうと、かつ、厳しく見張りをつづけ下船しようともせぬ。だいぶ時間が経過した。第一回からツイていないと苛立った。船尾に立っていた南岡は、フトきき耳をたてた。僅かに鎖のスレ合うような物音が耳を掠める。あたりに注意を払って、眼だけを音のする方に向ける。船をブイとをつなぐ鎖をつたって、物音を忍ばせながらのぼってくるのは、五名のうちの一人に間違いない。

一番目の青年はオンサンであった。南岡は、五人が鎖をのぼりきる時間が何日もの長い時間に思われたのであった。

だが、まだ四名の見張りの警官は立ち去らない。船内に収容した五名は船底にこっそりとかくしたのである。しかし警官も無制限に警備について、日本船の出航を阻止しているわけにはいかない。そのすきをついて脱出する。このような危険な脱出行を数回くりかえして多くの独立運動者を日本側に送り込み、再訓練をすることに成功したのである。

ビルマ独立運動青年らをいれる訓練所は海南島にあり、一般の軍事基礎訓練はもちろん、ゲリラ活動に必要な爆薬の取り扱い、爆破方法、無電の操作から、スパイに必要な一切の訓練がほどこされたのである。

以上、一般の工作員で、オンサンら独立運動指導者には、指導者としての高等訓練、政治、戦略戦術の高等教育がほどこされたのである。

かれらは、さきに台湾に移され、台湾の地形を利用して、ゲリラ訓練をうけることになったのであった。

「十月末にはこの中から選抜された六人の志士がバンコックに送られ、泰緬国境からビルマへ潜入した。このころ、バンコックの南機関本部では、陸軍側と海軍側の深刻な対立がおこり、一時内紛状態となったが、海軍側の譲歩により、南機関は陸軍系一本となって、危機を脱した」

「またこのころ、参謀本部はにわかに南機関の行動に批判的になり、工作を援助するどころか、万事にかけて抑制するような態度をとり始め、鈴木大佐以下機関員は、今まで苦難を共にしてきた同志たちの手前もあり、全く苦境に立った。しかし、これは、軍がすでに対米英開戦を覚悟し、南機関の工作が万一失敗して開戦企図が敵側にもれた場合、とり返しがつかぬというようなことからだった」（「ビルマ独立運動と南機関」杉井満）

だが、昭和十六年十二月八日払暁、対米英戦の火蓋は切られた。

南機関活躍の本舞台たるビルマ方面の戦況は、すでに記したとおりである。今や、ビルマ国内における日本軍の行動は純然たる軍事行動となり、従って、南機関のビルマ独立運動助成の方法も当然、その方針は変更されるに至った。

オンサンらが企図する独立運動と、日本軍の作戦行動との間には、ギャップが生じることもまた止むを得ない事実であった。当時、第十五軍司令官として、ビルマ国内に兵を進めた飯田中将の言葉をきくのが、もっとも適当と思われる。

「……南機関に依る謀略的独立運動は此処に終止符を打つこととなったのである。しかしオンサン以下のビルマ青年の頭は依然として些かも変動せず、ビルマを独立させるのは我々の使命だとの信念に変りはなく、日本軍のビルマ進攻の話を聞くと、鈴木大佐に対し『日本軍はビルマ領内に入らないで、外部から我々の運動を援助する態度に止めて貰えないだろうか』と歎願した程である。しかし大東亜戦争という大きなブルドーザが進んでゆくところビルマ人に依る独立というような小さな存在は押しつぶされて、跡かたもなくなったというのが事実であろう」(「戦陣夜話」)

動き出した大東亜戦争の巨大な歯車は、あらゆるものを蹂躙しつつ前進していった。オンサンの独立の夢は、ここにおいて方向を転換せねばならなくされたのである。南機関長はオンサンをビルマ青年隊の最高指揮官として、希望する者を参加させ、青年義勇隊の編成を許し、北進作戦には、日本軍の一翼として英、支軍と戦った。オンサンにとって、この経験は以後のかれの人生にどれほどの影響を与えたか計りしれぬほどのものであったといえよう。

大東亜戦争勃発に平行して、鈴木大佐は南大将、野田大尉は村上少将、オンサンは高級参謀面田少将、ラミヤンの糸田中佐、経理部長は南岡大佐という偽称の下に日本軍とともに兵を進めることとなった。ビルマ独立義勇軍であった。

なかでも南大将はその後、「雷将軍（ホウモジョウ）」と名乗った。日本軍の軍服をぬぎすてると純白のビルマ服に金モールのビルマ帽をいただき、しかも白馬にまたがっての行進であった。

これは、ビルマの伝説にある故事にならったものである。イギリスのために亡ぼされたビルマ王国の王子は、その日、白馬姿で遙か東方に亡命した。やがて、この王子は必ず白馬にまたがり、失われた国を救うためにこの地に戻る日がある。鈴木大佐はこの伝説の与える効果をねらったのであった。

南機関は、その司令部のほかにモールメン兵団、川島兵団、水上独立支隊、田中謀略班、国内攪乱指導班などの組織に再編し、泰緬国境をこえてビルマへ向かう。

ビルマ隊員は出動時二百人に増強、やがて、モールメンに到着したときは五千人に、ラングーン入城の日には正規軍は一万に及び、便衣隊は十万余を数えたという。

オンサンを憎まず

この頃から、オンサンらの企図したビルマ独立の夢と、日本の意図とが、次第に相反し、その離間の度は時の過ぎるに従って、大きく濃くなっていくこととなった。

日本軍の、飯田第十五軍の北部ビルマ進攻作戦は順調に進み、十七年五月十三日には敵勢力を一掃したのである。オンサンらにとっては、自分らの手でやりたかった英を主とするビルマを占めていた英支勢力を、日本軍が代わってやってくれたことは、欣びには違いなかった。さて、真の独立をビルマに与えてくれるなら、真の欣びとなり、満足ともなるのであったが、日本は、ビルマの独立をお預けとして、軍政をしいたのである。
「鈴木大佐はこの際も、ビルマの全面的協力を得るためただちに独立を認むべきだと強く主張した。だが、南方軍総司令部は、参謀本部謀略課からの同様の意見にも、飯田軍司令官の意見具申にも耳をかさず、いぜん独立尚早論を押しとおし、ここでも独立は実現しなかった。かくて、ビルマ人の日本に対する不信不満はいよいよ高まると共に、地下深く潜行するに至ったのである」

これは元ビルマ防衛軍高級顧問沢本理吉郎少将の「白馬の雷帝ビルマを行く」のなかの一節である。唇を噛むおもいは独り著者のみではないであろう。

革命児オンサンの不満ははっきりと、その表情に浮かんでいた。

昭和十八年二月ブナ島、ガダルカナル島の日本軍撤退が公表された。すでに敗色のきざしを示しつつあったのである。

この年三月十八日、ビルマ行政長官バーモ一行は日本を訪問し、八月一日、ビルマは独立を宣言し、同時に対米英宣戦布告を行ない、バーモは国家代表に就任したのである。

バーモが行政長官に就任するとともに、南機関は解散し、オンサンを最高指揮官とする義勇軍も、ビルマ防衛軍として生まれかわり、オンサンはその軍司令官に任ぜられたのであった。

形だけは独立国となった。形だけである。バーモはいざ知らず、オンサンは心中、独立国の上に位する、日本という支配者の存在を不快に思い、日本軍の背信とすら思っていたに違いなかった。

ビルマが独立すると、オンサンは国防大臣に就任、さらに国防軍総司令官を兼務したのである。

「南機関」のすでに無いビルマに、もはや、この秘密工作について書くべき何ものもないのであるが、オンサンのその後の動向は、ぜひ書いておかねばならないだろう。母国ビルマを想い、ビルマを愛し、短い生涯を祖国復帰に賭し、真のビルマ独立の直前、兇弾に斃れた若き志士オンサンの華の最後の日までを――。

かつて、同志としてともに戦った、鈴木少将も、南岡進も、そして、飯田中将も、オンサンの日本への裏切りを憎むことはなかった。いや憎むどころか、むしろ、オンサンの心を付度して、旧日本軍の処置に対して深い反省をもったのである。

昭和十九年一月七日、空軍力、補給困難等で大本営もしぶりにしぶったインパール作戦は、大本営の認可するところとなった。牟田口廉也中将が十八年三月二十七日、第十五軍司令官の親補をみるや、スバス・チャンドラ・ボースの強い要請もあり、方面軍、さらに上級の南方総軍に強く働きかけた結果によったのである。

このようにして、牟田口第十五軍に進攻命令が下達され、三月八日第三十三師団（師団長中将・柳田元三）、軍主力は三月十五日作戦発起を決定。第十五軍の隷下の第十五師団（師団長・山内正文）、第三十一師団（師団長・佐藤幸徳）もそれぞれ、インド作戦に従事進攻したが、日本戦史にかつてない、戦場において、三師団長をことごとく罷免するという不祥事がおこり、人災、天災こもごも、第十五軍の頭上にふりかかり、インパールの北方コヒマを占拠しながら、これを放棄、六月二十三日、牟田口中将は概作戦の失敗中止を電請するにいたり、大東亜戦争において最大の悲劇、日本軍の死の敗走が始まるのである。

オンサンは、この日本軍の敗北をみると、かれら同志の間で、日本軍から離れ、ビルマ人同志で秘かに、反ファシスト人民自由連盟（ＡＦＰＦＬ）なる結社を組織し、ビルマ人のための真のビルマ独立を企図するようになった。

このなかにはタキン党の指導階級が多数加わっているらしく、日本の手によって作られたビルマ政府の要人らも秘かに参加していたのである。今や、タキン党は、オンサンが牛耳るほどになっていたのである。

オンサンは、義勇軍結成以来、ビルマの武力を一手に掌握し、将兵の信望を一身に集めていたのである。

日本軍が昭和二十年三月、ビルマ国防軍を軍の作戦に協力させようとして、第一線に出そうとしたとき、オンサンは出征をよそおって国防軍を出動させ、途中から反転叛旗をひるがえし、英軍の勢力下に入ったのである。オンサンは英軍を説得、ついにビルマ軍の存在を英軍が認めざるを得なくした。

日本の敗北によって、ＡＦＰＦＬ運動並びに民衆の支持によって昭和二十一年、英国のつくったビルマ内閣に代わり、ビルマの首相となって内閣を組織することとなったのである。

オンサンは念願のビルマ独立について英国と折衝、全権として渡英調印に成功した。英国から帰った直後、閣議の席上で反対派の暴漢の機銃掃射のため、同僚ともども、鮮血にまみれ、一代の革命家らしくその波瀾に満ちた生涯の幕を閉じたのである。

昭和二十二年七月十九日、三十二歳の働き盛りであった。

ビルマ政府はウ・ヌー首相のもとに完全独立し、今日に至ったが、ビルマ人はオンサンを独立の象徴として崇敬、三月二十七日を独立記念日としているが、これはオンサンが日本軍に叛旗をひるがえした日であった。

以下、「南機関」の終末について、書き記しておかねばならないだろう。

「のちに日本軍に反逆したビルマ軍の反日的空気は、南機関が当初独立宣言の地と予定したモールメンに、日本正規軍が進入し、しかも独立についてなんらの顧慮もしなかったときに、きざしはじめた。そして首都ラングーンに入城後は、当然のことながら、独立問題が大きく持ち出された。こうして鈴木大佐を長とする南機関と、飯田祥二郎中将を司令官とする第十五軍との間に起こった紛争は激しくなり、やがて決定的となった。ついに鈴木大佐は内地に追われ、南機関は消滅した。大佐の転任発令からラングーン出発までわずか三日という短さであった。鈴木大佐はまた悲劇の人となった」（杉井満）。

今ここで、オンサンを識りビルマ独立運動の真意をもっとも理解している飯田祥二郎中将に、オンサンに代わってオンサンの日本に対する心理、そしてオンサンの苦悩を語って貰うこととする。

謀略の歴史、謀略の個々の成果について、日本軍は、というより日本人は他国のそれに較べてまことに拙劣であったという外はない。かつて終戦の年、新京（今の長春）において、日本が降伏し、ソ連が進駐してくると、協和会のボイラー焚きがたちまち政治部少佐の正服を着て堂々と姿を現わしたという。

著者は、その頃奉天（今の瀋陽）に潜入していたので、友人からきいた話であるが、駅のそばにアルメニアという白系ロシア人経営の喫茶店があったが、その主人も、少佐とか中佐の服を着て登場してきたとか。前者は協和会発足以来、いや在満期間は、あるいは、それ以前からであったかもしれない。後者にいたっては、たしか、建国以前遙か遠い時期から長春に在住していた人物であったかと思う。

このように、他国の情報機関は、長年月をかけて、そこに住み、その国の住人として生活しながら、些細な事柄を、正確に調べ、地味に目立つことのない一庶民として、情報の調査に当たっているのである。

日本人の方はせっかちな上に、バカ正直というか、長い時間をかけて謀略をやり、諜報任務につくには、その国民性が誠実にすぎるというか、まず向かない。

真の謀略は、誠実以外ないと思う。それも付け焼刃でない、真底からの誠実は他人を動かし他人をして自分の味方につけ得る。もし、日本人に謀略機密戦をやれというのなら、これが一番国民性に適しているのではないか――と考えるのであるが、どうだろう?

明石大佐の業績を仔細に分析してみると、レーニンを始めとして、反帝政派の革命家たちを金と謀策でだましたのではなく、誠実をもって、かれらの運動に共鳴し、ロマノフ王家をとりまく貴族と僧侶たちのあくなき圧政をかれら同様激しい怒りをもって改革しようと支援した。もちろん、そのことが、間接に戦っている日本軍を有利にしたことは事実ではあるが、単に利用のために利用したのではなかったような気がする。

大東亜戦争間に行なわれた多くの機密戦で真に成功したものの少ないという点、成功しかけると、どこかから中傷や邪魔が入って成就しないのが不思議なくらい多い。何故であろうか？

話が横道に外れてしまったが、飯田祥二郎中将の「戦陣夜話」の中に、今、私の疑問点に対する解答とも思われる一章がある。

「昭和二十年日本軍のビルマ戦線は遂に崩壊し、ビルマ国防軍司令官オンサンは同年三月日本軍に背いてビルマ軍を指揮し英軍の勢力下に奔った。当時日本人は一様に『オンサンの奴は怪しからぬ、日本の恩義を忘れたか』といきり立った。之は無理からぬことと思うがオンサンの立場からいわせたら、又別の言い分があったろうと思う……」とある。

飯田中将は、昭和十六年七月から第二十五軍司令官として、四ヵ月後の十一月から昭和十八年三月、牟田口廉也中将に交替するまで第十五軍司令官として、ビルマ作戦を担当した責任者であり、司令官であった。従ってオンサン工作も、オンサンについても、また、「南機関」についても語るべき多くの資格ありといえよう。

「もしオンサンに自己のとった行動について弁明させたならば、恐らく次のようにいうであろう」

ここで飯田中将は、オンサンになって、オンサンの心理を忖度し、次の如く弁明しているのである。

『私はビルマの独立の為に全力を尽くして来た。それ故戦局が日本の為不利となったとき、どうしたらよかろうかと真剣になって考えた。そして得た結論は、前途見込みのない日本と共に没落するのは馬鹿な話である。一時英軍側に身を避けて再起を図り、最後までビルマの独立の為努力するのが、祖国の為同胞の為私の尽くすべき最善の手段であると考えた。日本に対しては誠に申し訳ないが、私はビルマ人である。ビルマの為最善を尽くすのが私の義務である（傍点著者）。日本の武士道の所謂〝大義親を滅する〟というものであり、又軍人勅諭の訓の通り、小節の信義を捨てて大綱の順逆を誤らなかったものと信じている』

そしてまた『私は英軍の勢力下に赴いても、英軍と共に日本軍と戦う意志は毛頭ない。飽くまでビルマの独立の為戦おうと思うただけである。若し英軍がいうことを聞かなければ、山の中に根拠を置いてゲリラで英軍と戦う心算であった。それ故日本軍が若し真にビルマの為を思って呉れるのであったら、当時の私の計画を支援して、何れは英軍の手に入るべき軍需資材を私の手に渡して呉れる位の積極的好意を示したら、どれ程感激したか知れないと思う。私の真意を理解して〝しっかりやれ〟との激励の言葉をかけてくれただけでも、日本の本当の気持が判って感謝に咽んだことと思う』

飯田中将は現にビルマで戦った人である。その人が、オンサンの心になって吐くその言葉は、大東亜戦争の失敗に対する反省として謙虚にきかなければならないであろう。まだ、文章はつづいている。

「――というとしたら、日本人としてどんな感じがするであろうか。若し日本軍がオンサンの此の希望を承諾しなかったとき、オンサンが『日本軍は戦況有利なときはビルマを支援するが、戦況不利となったら捨てて顧みないとあっては、日本軍は真にビルマの独立を希望したのではなく、勝つ為の道具にビルマを利用したに過ぎないのではないか』と反問したら、日本軍は恐らく返答に窮したろうと思う。之はオンサンの反乱だけの問題でなく、当時のビルマ政府に対する日本の態度についても同様のことがいえると思う」

このあと、飯田中将の手記には独立を約したビルマを放置した、日本政府と大本営の無為無策について「驚かざるを得ない」とかいている。

あとの論旨も紹介したいところであるが、この「機密戦」と直接の関係がないので残念ながら割愛せざるを得ないのである。

「南機関」の最大の任務は、ビルマ独立運動の支援にあった。日本軍のビルマ征圧の初期若き独立運動の志士オンサンは、日本軍を背景に、日本軍とともに、反英ゲリラ活動に挺身した。

昭和十九年四月。ビルマ作戦は、惨たる日本軍の敗走となり、二年半前とは全く正反対に、それは名状し難い戦況となったのだ。

その日、オンサンは日本をふりすて、英軍を利用していた。しかしそのオンサンをかつての軍司令官飯田中将は決して非難せず、むしろ、オンサンに代わってオンサンの心境を述べたのである。

さらに、この章の最後の文章を左の一文で結ぶこととしたい。

「ビルマのラングーン市の中心部ローヤル湖畔に一基の軍人の銅像が立っている。之はビルマ独立の恩人としてビルマ人崇敬の的となっているオンサン将軍の銅像である」（飯田祥二郎著「戦陣夜話」）

第六章　汪精衛並びに繆斌（みょうひん）和平工作

国民政府を対手とせず

およそ戦争の発端において、戦争の終末をも見透すのは、戦争指導者の責任であろう。さらにもっと戦争に不可欠なる要素をあげるならば、攻勢終末点の明確な把握とともに終結せしめる明敏な智謀であろう。極言すれば戦争の発起はなんぴとにもできるが、戦争を停止することは凡俗にできるものではない。

日露戦争においては、日本の国力を充分承知の上、戦い、大山、児玉の名コンビと、桂首相、山本海相らは、その終末点を誤ることなく、戦争発起を前にして、児玉（参謀次長時代）は、在露武官の明石元二郎大佐に命じ、後方撹乱ならびに革命暴動の煽動を行なわせるなど、ロシア政府をして、満州への大軍団の増援を断念せざるを得なくさせるなど、また、一方においては、駐米公使を通じアメリカ大統領ルーズベルトに和平調停の斡旋方を依頼、講和へ持ち込むことに成功したのであった。

軍・政上層は、すでに日本が戦力の限り、国力の全てを出しつくしていることを認識していたが、国民は、陸海の勝利々々に浮かれて、政・軍上層の苦悩は知るよしもなかったのである。

ロシア全権ウイッテと日本全権小村寿太郎との間に講和が成立した。その講和は、どのような悪条件にしろ、ロシアに充分の戦力が残されており、われは底をついていたのである。黙認して講和しなければならなかったのである。しかし、国民は怒り狂い、小村寿太郎全権を非国民と罵り、国民大会を開き日比谷その他で暴徒化した市民は焼き打ちをするという挙に出たのである。

戦争の相手はロシア一国。イギリスという大強国を同盟国にもち、世界の大半の国々はロシアを憎み、小国日本に同情を寄せていたのであった。戦争の期間も明治三十七年二月から三十八年八月まで約一年半、速戦即決、勝ち戦のまま講和に持ち込んだ。戦争終結には前記のように日本とまれ、日本は大国ロシアに勝った。戦争に勝ってさえ、戦争終結には前記のように日本の首脳部は苦悩した。真に国民を思い、国を思ったのである。

この戦争に智謀を注ぎつくした児玉源太郎が、戦争が済んで間もない明治三十九年七月死去したのも、この戦争に勝ち抜くため智謀、かれの生命の全てを注ぎつくし燃やしつくし、労苦の果てのためといわれていた。

昭和の年代における戦いは、満州事変の発火点、柳条溝の鉄路爆破は、関東軍の参謀の陰謀により、あたかも支那兵の行為の如く偽装し、日本兵が爆破したものであった。

つづく支那事変の発端、盧溝橋事件の日支両軍衝突は、日支どちらが仕掛けたか判明せず、今に至るも謎につつまれている。

不拡大不拡大といいながら、ずるずると深みにはまり、昭和二十年の敗戦まで、満州事変以来十五年の永きにわたって戦争をつづけてきていた。しかも今度は中国だけではなく、世界の中において孤立に近い状態で戦ったのである。

緒戦の大勝利のとき、国民上下、一握りの反戦論者をのぞいて、欣喜雀躍（じゃくやく）文字通り有頂天であった。日露戦争のときと同じように戦争に勝てると信じて疑わなかったのである。戦局が徐々に悪化していくとき、政軍首脳者は戦争終結の手段を考えないわけではなかったろう。焦燥していたに違いない。

しかし、卑近な例をとってみよう。口論ですむ間はいい。暴力を振るい、徹底的に叩きのめした相手が、逆転反抗に立ち直ったとき、もうここいらで止めようやといってみても、相手は次第に応援も加わり、優勢になるにつれて、和解を求めても、相手はこちらを完膚なきまでに叩きのめさぬ限り、完全降伏をするまで、和解する気はまず無くなるのが常識だろう。日露の時と異なり、日本に同情する国、肩入れをする国家は全くなく孤立無援であったのだ。

昭和十三年一月十一日の御前会議において決定した支那事変処理根本方針は、日満華提携して、大乗的な基礎の上に新たな国交を再建すべきであるということと、講和交渉条件が今一度確認され、中国側の諾否両様の場合に対する態度がきめられたのである。

前にかいた比喩のように、中国側は日本の提示した和平条件に対して何の反応も示そうとせずもちろん回答もなかったのだ。

一月十六日、例の有名な、そして以後和平、解決のガンとなる「国民政府を対手とせず」との声明を近衛内閣は公表したのである。

大東亜戦争全史は、ここのところを「政府は陸軍統帥部の強い反対を押し切って」（服部卓四郎著）と特筆しているのである。

この声明は、日本にとって事変を解決する相手を自ら放棄した結果となったのであった。現に戦争をしている相手の政府に対して、相手にせずと中外に声明を発しては和平も結局、独り相撲をとっていることになった。

だが、結局十一月三十日には「日支新関係調整方針」が決定された。相手にせずと声明した喧嘩相手に向かって、舌の根もかわかぬときに善隣友好、共同防衛、経済提携の三原則を内容とした近衛声明が発表されたのである。今の学生ならナンセンスと叫ぶに違いない。

政府首脳の独善というか、嬌慢というか、事変が深みにはまり込んでいたとはいえ、まだ日本の国力は確かに強大であった。日露以来不敗の大国であった大日本帝国の、むしろそれは不幸を誘う要因となっていたのであろう。

その後間もなく、国民党副総裁汪兆銘が重慶から仏印ハノイに脱出した。現地の支那派遣軍は政府の意を体し、日華和平工作のため汪兆銘と接触したが、和平の計画は失敗に終わった。

これより先、当時の参謀本部今井武夫支那課長は、漢口にあった外交部日本課長董道寧が辞職して来日したので、影佐禎昭大佐とともに董に会った。

董は、参謀次長多田駿中将との会談によって、日本が近衛声明後も和平を望んでいることを諒解して帰ったのであった。

中央宣伝部長兼蔣介石の副秘書長周仏海は対日和平論者であった。国民党副総裁の汪兆銘(精衛)も蔣介石に対日和平を進言していたのであった。

今井課長は十月中旬、上海に赴いたのである。汪兆銘の命をうけた梅思平、高宗武が香港から上海に到着したからである。梅思平は外交部亜州司長、高宗武は江寧県長であった。

今井課長は満州国外交部の伊藤芳男とともに、かれらの示した和平条件について討議した。日・中双方の会談は議論白熱したが、十一月十五日、今井課長は会談結果を板垣陸相と多田次長とに報告した。

二十日。影佐軍務課長と今井課長、高宗武、梅思平の間に、日華協議記録、同諒解事項について調印が行なわれた。その結果、重慶から汪兆銘と周仏海が昆明に脱出し、ついでハノイに到着したのであった。脱出者は、汪、周、高、梅のほか汪兆銘夫人陳璧君、陳公博、林伯生、曽仲鳴、陶希聖などであった。

今井課長は上海において汪の出発を待ったが連絡がなく、香港で汪兆銘脱出を知ることができたのである。

ハノイにおいて、汪兆銘は十二月二十九日、和平建議を声明した。近衛声明の線にそって和平交渉をとの呼びかけも予期したような反響は得られなかったのである。効果が期待できぬため、汪兆銘の和平運動は情勢を静観することとしたのであった。

汪兆銘は、ハノイに半年滞在したのち、昭和十四年五月八日、上海に移った。日本と汪の間には、「日支新関係調整方針」に基づく協議が行なわれ、昭和十五年三月三十日、南京に「中華民国新政府」が成立した。

日本は、汪兆銘と蔣介石の合作が成功することを望んでいたが、これは到底成功する見込みがなく、汪兆銘一派の単独の政府となった。新政府も国民政府と称し、主席は林森を擬して空位とし、受け入れ体制を残していたのであったが……。

しかし、日本の重慶に対する和平工作は思うようには運ばず、汪兆銘の新国民政府を昭和十五年十一月三十日、承認した。新国民政府と重慶政府との合作が進まず、いつまでも汪政権を承認しないでおくわけにはいかなくなったからである。

といって蔣国民政府を裏切り、漢奸集団とみなされている汪兆銘を認めることは、いよいよ、和平解決への途が、さらに深く重く閉ざされることとなるのは自明の理であった。

御前会議の決定

昭和十四年九月。支那派遣軍が新設され、総司令部に拡大された。参本支那課長今井武夫大佐は支那派遣軍総司令部の参謀として南京に勤務することとなったのである。

支那総軍の命で香港において重慶側との路線を摑んだ鈴木卓爾中佐の要請によって、今井参謀は香港に出張した。

重慶側との会談を準備し、三月十日会談を開き覚書を作成したが、双方とも本国の同意が得られなかったのであるが、そののちも長沙における蔣、汪、板垣の三者会談が計画されていた。

板垣征四郎は当時、中将、支那派遣軍総司令官西尾寿造大将を補佐する総参謀長職についていた。

この会談には三者とも大いに乗り気であったが、種々の煩瑣な問題があってなかなか実現しなかった。昭和十五年九月二十七日、日、独、伊三国同盟が成立するや、日本と中国の和平交渉の続行はもはや不可能となったのである。

十月、杉山元参謀総長は支那派遣軍総司令部の行なっている和平交渉の一切の中止を命じたのであった。

昭和十五年十一月十三日、支那事変以来四回目の御前会議が開催された。この御前会議によって決定した「支那事変処理要綱」の内容のうち、和平工作に関するものは次の通りである。

要　領

一、重慶政権の屈伏を促進し、之を対手とする熄戦和平を図る為の諸工作次の如し

本工作は新中央政府承認までにその実効を収むることを目途として之を行なう

㈠、和平工作は帝国政府において之を行ない関係各機関之に協力するものとす

注・従来軍民に依りて行なわれる和平の為の諸工作は一切之を中止す

右工作の実施にあたりては両国交渉従来の経緯に鑑み特に帝国の真意を明らかにし信義を恪守する如く善処するものとす

㈡、和平条件は新中央政府との間に成立を見んとする基本条約（之と一体をなすべき艦船部隊の駐留及び海南島の経済開発に関する秘密協約を含む）に準拠するものとし日本側要求基礎条件別紙の如し

㈢右和平交渉は汪、蔣合作を立前とし日支間の直接交渉に依り之を行なうを以って本則とするも之を容易ならしむる為独逸をして仲介せしむると共に対蘇国交調整をも利用す

支那側の実施する南京及重慶の合作工作は之を促進せしむるものとし帝国政府は之に対し側面的援助を為す

㈣、新中央政府に対する条約締結は遅くも昭和十五年十一月末までに完了するものとす

二、昭和十五年末に至るも重慶政権との間に和平成立せざるにおいては情勢の如何に拘わらず概ね左記要領に依り長期戦方略への転移を敢行し、飽くまでも重慶政権の屈服を期す

長期戦態勢転移後、重慶政権屈伏する場合における条件は当時の情勢により定むす

㈠、一般情勢を指導しつつ適時長期武力戦態勢に転移す
長期武力戦態勢は一般情勢大なる変化なき限り蒙疆北支の要域及び漢口付近より下流揚子江流城の要城並びに広東の一角及び南支沿岸要点を確保し、常に用兵的弾撥力を保持しつつ占領地域内の治安を徹底的に粛正すると共に封鎖並びに航空戦を続行す
㈡、新中央政府に対しては一意帝国綜合戦力の強化に必要なる諸施策に協力せしむることを主眼とし主として我が占拠地域内への政治力の滲透に努力せしむる如く指導す
重慶側は究極において新中央政府に合流せしむるも新中央政府をして之が急速なる成功に焦慮するが如き措置は採らしめざるものとす
㈢、支那における経済建設は日満両国の事情と関連し国防資源の開発取得に徹底すると共に占拠地域の民心の安定に資するを以て根本方針とす
㈣、長期大持久の新事態に即応する為速やかに国内体制を積極的に改善す
在支帝国諸機関の改善改廃を断行し施策の統制を強化す

日本側要求基礎条件

一、支那は満州国を承認すること
（本項具現の方式並びに時期に付いては別途考慮することを得）
二、支那は抗日政策を放棄し日支善隣友好関係を樹立し、世界の新情勢に対応する為日本と共同して東亜の防衛に当ること

三、東亜共同防衛の見地より必要と認むる期間支那は日本が左記駐兵を行なうことを認むること

㈠、蒙疆及び北支三省に軍隊を駐屯す

㈡、海南島及び南支沿岸特定地点に艦船部隊を駐留す

四、支那は日本が前項地域において国防上必要なる資源を開発利用することを認むること

五、支那は日本が揚子江下流三角地帯に一定期間保障駐兵をなすことを認むること（状況により機宜取捨す）

注・右条件の外左記我方要求は実質的に之を貫徹するに努むるを要す

㈠、汪、蔣両政権の合作は日本の立場を尊重しつつ国内問題として処理すること

㈡、日支の緊密なる経済提携を具現すること、経済合作の方法に関しては従来の方法を固執せず平等主義により形式的には努めて支那側の面子を尊重するものとす

㈢、経済に関する現状の調整は日支双方に混乱を生ぜしめざる様充分なる考慮を以て処理すること

さきにも記したように、新国民政府を承認すると共に、日華基本条約を締結、日満華共同宣言を発表したが、こののち重慶政府に対し、日本から積極的に和平工作を行なわず、早期解決の見込みはなくなった。

昭和十六年十二月、大東亜戦争となり、日華交渉はますます行き詰まりとなった。なんら

打開策もないまま、米英に対する戦争初期の優位も束の間、アメリカは猛反攻に転ずると、日本の敗北、占拠諸島の玉砕がつづきずるずると昭和二十年八月十五日を迎えることとなったのである。

昭和十七年秋ごろ、再び対華関係を打開するために、なんらかの手を打つ必要に迫られてきた。昭和十五年十一月「支那事変処理要綱」が決定していたが、その内容の如くは和平工作は進捗をみせず、昭和十八年九月、日華同盟条約を締結し、国民政府に重慶への政治工作を実施させて、早急に支那問題を解決したいと希望したのであった。

日華基本条約の改訂案は、九月十八日の大本営政府連絡会議が次のように決定した。

軍事関係事項の処理

戦時中における駐兵は、日華共同宣言によるものとし、戦後における大東亜防衛上執るべき措置に関しては、新条約においては特に律せざるも戦後別途協議す

(1)、駐兵権

華北蒙疆における防共駐屯（基本条約第三条）共通の治安維持を必要とする間の治安駐屯（基本条約第四条）並びに艦船部隊の駐留（基本条約第五条、付属秘密協定第一条）等、防共、治安、慣例等に基づく駐兵権は之を要求せず

(2)、撤兵

北清事変最終議定書に基づく駐兵権は之を抛棄す

支那における全面和平克服し、重慶政府との交戦状態終了したる時は、完全なる撤兵を断行することを明示す。ただし全面和平後、依然、大東亜戦争継続する場合においては、日華共同宣言に基づき戦争完遂のため軍事協力を確保す

(3)、駐兵間の軍事要求権と便宜供与

駐兵権を要求せざる以上付属秘密協定第二条並びに秘密交換公文甲第二の甲及び第三の五の規定は、当然之、必要とせず、戦争期間中必要なる軍事上の要求及び便宜供与は、日華共同宣言によるものとし、現実の軍事的諸要請に対しては支障を及ぼす如きこと無からしむ

(4)、軍事顧問

中国側の要請に基づき派遣することとし、特に条約において律せざるものとす

各地特殊性の処理

軍事上乃至経済上緊密なる合作を要する特殊地帯として制約しありたる蒙疆、華北、揚子江下流地域及び華南沿岸島嶼に関する事項は、之を廃止し各地別に之を約定すること無し

と、昭和十五年より、大分譲歩したる感がある。

「国民政府汪主席の対重慶政治工作の真意と策案を確かめたうえ工作を開始するよう指導する。重慶政権が米英との関係を清算するとの誠意を示し、日、華両国の全面和平を希望すれ

ば帝国政府は之を受諾する用意がある」

右は九月二十一日の連絡会議において汪兆銘主席に伝達された日本の示した和平条件であった。

翻って考えるに、目下窮地に追い込まれているとはいうものの、米英他の強力な援蔣ルートによって長期抗戦を決意しあくまでも対日戦争を戦おうと決意している対者が、強大な支援をおしまない「米英との関係を清算するとの誠意」を示すわけもなく、また、「日、華両国の全面和平を希望すれば」とは、重慶ではなく日本側の強い要請であるのに、主客転倒の言辞ではないかと怪しまずにはいられない。

さらに、日本は、重慶政権が左記事項を実行するにおいては、帝国政府は重慶政権が米英との関係を清算する誠意あるものと認むといい、次の如き趣旨を汪主席に伝達することとした。

(1)、在支米英軍隊の武装を解除するか、又は中国より之を退去せしむ

(2)、米英との交通連絡を断絶す

ただし、重慶政権に対し、対米英宣戦は必ずしも要求せざるも、帝国の大東亜戦争完遂に対し実質的協力をなすものとす

汪兆銘国民政府主席が極秘裡に来日、昭和十八年十月三十日、日華同盟条約が締結されは

したが、対重慶工作は日本の思うようにはいかなかった。

そもそも日本は汪兆銘の手によって和平をと考え、重慶にある汪兆銘に働きかけたのであるが、重慶を脱出した汪は中国人からは売国奴とみられていたのである。和平工作が成功するわけがなかった。それにもまして、重慶は日本に根深い不信感を持っていて、和平工作にのってくる様子は露ほどもなかったのである。

昭和十九年七月十八日。サイパンの陥落によって日本は重大な危機を迎えた。ついに東条内閣は総辞職し、小磯、米内連立内閣が七月二十二日成立したのである。

小磯内閣成立一ヵ月後、最高戦争指導会議において、世界情勢判断及び戦争指導大綱が決定した。

そのなかにおいて「重慶に対しては速やかに統制ある政治工作を発動し、支那問題の解決を図る之が為極力ソの利用に努む」とあり、対華工作は、中央では総理と外務大臣とが協議して決定し、国民政府が現地で実施することとしたのである。

国民政府が自発的に実施するような形式をとることとして、それ以外では一切の工作は行なってはならないことが決定されたのである。

この工作実施に関する具体策として、「対重慶政治工作実施に関する件」が決定した。

第一方針

対重慶政治工作は大東亜戦争完遂の為速やかに重慶政権の対日抗戦を禁止せしむることを

主眼とす、之が為まず彼我の間に直接会談の機を作るをもって第一目標とす

第二要領

一、当面工作の目標

国民政府をして彼我の間に直接会談の機を作る如く工作せしむ

之が為なし得れば国民政府をして適当なる人物を重慶に派遣せしむ

二、和平条件の腹案

和平条件は完全なる平等条件に拠ることを建前とし概ね左記の如く概定するものとす

(1)、全面和平後における中国と米英との関係支那の好意的中立をもって満足す

尚支那側をして在支米英軍を自発的に撤退せしむ

(2)、汪・蔣関係

蔣介石の南京帰還、統一政府の樹立を認む

但し両者間の調整は支那の国内問題として両者の直接交渉に委す

(3)、日・華条約の取扱

日華同盟条約を廃棄し新に全面和平後日支永遠の平和を律すべき友好条約を締結す

此際支那内政問題には一切干渉せざるものとす

(4)、撤兵問題

延安政推及び共産軍の取扱も右に準ず

(5)、在支米英軍撤兵せば帝国も完全に撤兵すその実行方法に関しては停戦協定による
満州国問題
満州に関しては現状を変更せざるものとす
(6)、蒙疆問題
支那の内政問題として取扱わしむ
(7)、香港その他南方地域の処理
南方権益に関しては別に考慮す
(8)、将来の保障
支那側の帝国に対する保障要求については為し得る限りその要求に応ず帝国の支那に対する保障要求は再び支那に侵入する米英軍に対する為必要の派兵を容認せしむ

三、ソ連の利用
(1)、速やかなる日ソ国交の好転による政治的迫力を活用し本工作の促進を図る
(2)、日ソ交渉の進展にともない要すればソをして本工作の仲介を為さしむることあり

四、本工作に並行して日支和平思想を助長し且重慶の米英依存が究極において支那民族の奴隷化、東亜の滅亡を招来する所以を撤底する如くあらゆる手段を議ず

五、本工作実施上留意すべき事項
(1)、和平条件提示の範囲及び方法に関しては別に定む
(2)、本工作はあらゆる手段を尽くし執拗に之を行なう

⑵、本工作実施にあたり対ソ関係に及ぼす影響については特に慎重なるを要し又米英に日ソ離間の具を供するが如きこと無きよう厳に注意す

右重慶に対する和平条件は、満州を除き全部を譲歩するという趣意のものであった。当時、汪兆銘主席は日本において病気療養中であったため、陳公博、周仏海等の国民政府首脳部に日本の提案を諒承させ、工作を実施させることとなったのであるが、国民政府最高顧問矢崎勘十中将からの報告によれば、周仏海の使者が信用できぬこと、中立国利用以外名案がないことなどの悪条件ばかりであったのだ。

そうこうしているとき、十一月十日、汪主席が名古屋帝大病院で逝去したことは、工作に致命的打撃となった。そのため、当初の国民政府を通してだけ工作を行なうとの基本は遺憾ながら次第に崩れ去ったのであった。

そこで各種の工作路線が設けられたが、どれも信のおけない、いい加減のものばかりであった。重慶側と対等に話せるはずの汪兆銘すら重慶側は相手にしなかったのであるから、まして得体の知れぬ人物を重慶が相手にするはずもなかったのである。

昭和十五年ごろと、昭和十九年では彼我の立場は全く逆転していたのである。今や和平の必要は我に絶対ではあったが、彼には不必要であった。何の痛痒も感じないのである。

繆斌の評価

昭和二十年三月、硫黄島が陥ちた。小磯首相は、何応欽に連絡があるという繆斌を通して、重慶への和平工作を促進しようとした。

田村真作は朝日新聞の政治部記者で、石原莞爾に傾倒していた人物であり、陸軍省の記者クラブに所属し、漢口作戦に従軍した経歴をもち、昭和十四年春、北京の朝日新聞総局詰として転任したが、間もなく新聞記者を辞めたのである。この田村真作は、この繆斌と親しかったのであり、「繆斌工作」の著者として知られている。

著者の説く繆斌の経歴は次のようなものであった。

繆斌は江蘇省無錫の出身であった。道教の家に育ち、上海の南洋大学において、電気学を学んだといい、これは農村を電化したいとの理想からであった。大学卒業後は黄埔軍官学校の電気通信の教官となったのである。

当時、上海も国民革命の渦中にあり、繆斌は「孫文主義学会」を組織して革命運動に入り、国民革命運動の拡大に従い、国民革命第一連隊(連隊長何応欽)が編成され、繆斌も隊付の一人となったのである。

南京への北伐に敗れ、繆斌も姿を変えて逃れた。のち国民革命軍第一軍の副党代表、ついで総軍司令部の経理局長となった。

国民党第二次中央執行委員となったのは二十四歳のときであり、一九二九年、江蘇省民政庁長となった。日本が激動する二・二六事件のころ、夫人同伴渡日して繆斌は日本研究をはじめたのであった。

日華事変のはじめ、繆斌は北京の新民会をこしらえた。のち新民会は日本人の民衆団体となったため、かれの新民会における位置は名ばかりのものとなってしまっていたのである。昭和十四年春、田村が北京に赴任すると繆斌と親しくなった。汪兆銘が南京に国民政府を樹立すると、繆斌は北京の新民会をやめて汪政権の立法院副院長となった。日華事変のはじめからかれらは中国と日本とが戦うことの不利を説いていたのである。

その後、南京を去り、上海に移った。夫人が上海の名門出身であったからといわれている。小磯内閣には、田村真作のよき理解者である朝日新聞主筆緒方竹虎が、国務大臣兼情報局総裁として入閣していた。

数年前から、緒方主筆は中国との和平に力をつくすよう田村に話していたのだ。田村は、上京すると、緒方情報局総裁に対して、上海でのできごとを報告した。繆斌の線から載笠直系の藍衣社の重要人物を通して蔣介石につながる路線である。繆斌が接点となって日本に結びつくことができるのである。

ここで載笠なる人物にふれておかねばならないだろう。終戦の旧満洲においても、この載笠機関員の活動は目覚ましかったのであるが、接点となる日本人の方に人物がなく、そのうちに、載笠の事故死がおこり、工作も雲散霧消するにいたったのであった。

載笠という人物の死が、国民政府の崩壊転落の大きい原因であるといわれるほどの人物であり、国民政府の堕落は載笠一人で喰い止められていたとさえいわれるのであった。

かつてのゲー・ペ・ウ、後にチエカ、VCHK―GPU、そして一九三四年頃のNKVD、またMVD。ナチにあってはゲシェタポ、アメリカのFBI、しかし、当時の「載笠機関」=軍事委員会調査統計局―軍統局―藍衣社。載笠が創設し、載笠が指揮したこの特務機関は、前記各国の恐るべき秘密機関に優るとも劣るものではなかった。

その載笠自身が、和平を望み、動くならば、その工作は成功をみたかもしれない。

しかし、田村個人としての力は、ここまでが限度であった。これから先は緒方総裁に頼むが、日本軍と関係を持つことを忌み嫌っており、すでに日本の憲兵に狙われていて危険であることも説明した。

繆斌の人物については、緒方に、中国の政治家として一流であり、かれの国際情勢に対する判断には敬服している。ぜひ繆斌を日本に招いてかれの意見をきいてほしいとすすめたのであった。

昭和十八年の夏、南方視察旅行の途中、上海に立ち寄った緒方竹虎は繆斌と会っていたため、かれのことはかなり理解していたと思ってよかろう。

繆斌への招待の手紙と、南京の支那派遣軍総司令部の松井太久郎総参謀長に繆斌の来日を依頼する緒方総裁の手紙をもって、田村は内閣嘱託という身分で上海に向かったのである。

小磯内閣の国務相であった緒方竹虎の秘書官であった中村正吾著「永田町一番地」によれば次のような事情であったという。

緒方の手紙をもらった松井総参謀長からは音沙汰なし、何の返事もなかったのだ。南京政府の軍事顧問であった柴山兼四郎中将は、陸軍次官の補職をみて東京に帰ってきたが、緒方に、総理が繆斌を呼ぶのは南京政府との関係で困る。かれが自発的に日本に来たいというのなら、総軍は飛行機を都合してもよい。

口ではそうはいったものの、うんでもなければすんでもなかった。そのうちに、また、緒方に向かって、繆斌の問題は打ち切ってもらいたいという。

重慶との交渉は総軍が、南京政府を通してやることにきめている。周仏海を通じてというのであるが、重慶政府を裏切って脱出してきた周仏海のいうことを重慶がとりあげるわけがないが、軍としてその路線に確信があるかとの緒方の疑問に対して、軍は確信があるわけではないという。

とにかく、飛行機の席をとることができないのだから一時中止するしかなかったのであった。

「対重慶単独講和の夢」（野村正男）によると、軍は小磯内閣に対して当初からことごとに反対し、あるいはサボタージュ的態度をとり、協力しようとはしなかった。それに木戸内大臣が小磯大将に好意を持たず、重光外相とも大東亜相の専任を主張したことを反対されて対立した。

また、小磯首相が、昭和十九年十二月十三日、「最高戦争指導会議」において、対中国政策の全面的検討の必要を主張したことに対して、杉山陸相は、南京政府は重慶工作には八本の連絡路線があり、消極的ではなく、南京政府に対する政策を変更する必要はないと強く主張し、重光外相は、南京政府は日本も列国も承認しており、見離すことは道義上許されない。重慶工作は、単に人を派遣するとか無線で連絡できることではない。蔣介石に対日抗戦が無意味なことをさとらせ、対日和平の方向に持っていくことである。

そのためには総合的な政策が必要であるから総軍が重慶工作の幹事役をやればよいとの意見を述べたが、これは、重光が小磯に対して発した皮肉にもきこえた。

参謀総長梅津美治郎大将も繆斌工作については外相の意見に賛成した。

田村は、小磯内閣に対する抵抗が、南京の支那総軍にも及んでいることに一驚した。小磯国昭が陸軍大将であるにもかかわらず、陸軍が小磯に協力せず、米内光政海軍大将との連立内閣であるところがら、反陸軍だ、海軍内閣だといってことごとに小磯に反対する。日本が生死の関頭に立たされているときにおいてすら、中央でも現地の軍、大使館でも縄張り争いから、自分たちが成功させることのできない重慶工作を、他のものがやりはじめると何だかだと中傷して毀してしまうことに憤りを覚えずにいられなかった。

しかし、小磯首相は繆斌による路線を諦めきれず、再び上海の繆斌のところに山県初男大佐を派遣したのである。大佐といっても退役軍人の支那通といわれた人であり、小磯首相の友人であったらしい。

繆斌の東京行きはきまったのであるが、無電技師、暗号係などで一行は七名となった。出発の準備は調ったが、例によって総軍の飛行機の問題でなかなか出発できなかった。

柴山陸軍次官は、小磯総理には便宜をはかるような顔をしながら、現地軍に対しては便宜を与える必要なしとの指令を出していたため、なかなか飛行機は出してもらえなかった。

三月になってから、ようやく繆斌ただ一人だけの飛行機の座席を許可したのである。

田村真作が、重慶政権が繆斌を通してこの日本からの和平工作に反応を示す真意を次のようによんでいた。

満州にソ連軍が侵入しない前に、中国本土で日本軍が混乱に陥らない前に、中国共産党に乗ずるスキを与えないで、順序よく満州と中国の日本軍占領地区を国民政府の手に回復したいと思っている。

もし、日本軍が重慶に関係なく勝手に撤兵したら、共産勢力の方が先に、満州、中国に入ってくるだろう。重慶は、中国の奥であるから、早急に、北京、上海、南京に軍事的にも、政治的にも進出することは不可能といわねばならないだろう。

このようにいかにすれば、安全に確実に速やかに接収を実行できるかを案じていたのであった。日本軍との間に接収機関を設け、円満に重要地区から接収を開始したかったのである。

重慶は、ソ連が失地回復前に満州に入ってくることを恐れていた。また、延安を中心とする中共軍に対する包囲作戦も完成しなければならないのだ。

和平に対する具体案としては。

(A)、南京政府を即時解消する。(周仏海等要人八名は日本側において日本が保護する)
(B)、国民政府の南京遷都まで南京に臨時に留守政府をおく。
(C)、中・日双方は内密に即時停戦命令を出す。
(D)、日本軍は中国から完全に撤兵する。
(E)、即時停戦は連合国との和平を前提とすること。
(F)、中.日双方から軍事代表者を出して撤兵と接収に関する委員会を設置する。
(G)、国民政府は南京遷都後において日本の和平希望を連合国側(アメリカ)に伝達する。

繆斌のいうところによれば、重慶側はこの案に対して内諾を与えており、日本の出方次第で応ずるもよし、駄目なら繆斌の単独行動として片付けるつもりであるという。また、これは三月末までを期限として、それまでにはっきりしない場合はこれを打ち切るということとなっていた。

繆斌は、重慶側の意見として、日本がまず南京政府を解消して、日本側の誠意を披瀝すること。中日双方から代表者を出して、停戦撤兵を協議し、それに基づいて日本軍は逐次撤兵することを伝えてきていた。

以上、「繆斌工作」(田村真作)によれば、終戦ぎりぎりに切迫したとき、重慶の意嚮として、その間の消息が伝えられてきたのである。

小磯首相は、まず緒方国務相を繆斌と会見させたのであった。そして、繆斌を重慶との工作に使えると判断した緒方国務相は、会見の経緯を首相に報告した。

小磯首相は繆斌工作を最高戦争指導会議に提出することにしたのである。しかし、せっかく首相が乗り気であったにもかかわらず、会議においては、重光外相、杉山陸相、梅津参謀総長、及川軍令部総長、米内海相も、これまでの工作同様、信用できぬとして真剣に取りあげる気がなかったのである。

首相は四月二日、重慶政権との和平講想について単独上奏した。天皇は重光外相、杉山陸相、米内海相に下問され、三人とも反対であると答えたため、天皇も繆斌工作について反対され、かれを中国に帰すように言われたと、東京裁判法廷で、小磯国昭は陳述している。

日本の戦況が著しく悪化していることは、重慶側もよく知っているはずである。米英の力をかりて戦っている重慶が、緒戦の時代は別として、英米が勝ちいくさとなりつつあるとき、日本との和平の話に乗ってくるとはとうてい常識から考えてもあり得ないことというのが、政府、軍内部の大部分の人間の考えであった。

繆斌が示した和平実行案には、現在の南京政府を即時解消し、南京に留守政府を樹立するとあるが、南京政府を解消し、留守政府をつくってしまったあとで交渉がまとまらなかった場合、繆斌にイニシアチーブを握られてしまうことになる恐れがあると、反対者は危惧したのであった。

小磯首相、緒方国務相はかれを信用し、東久邇宮、石原莞爾も繆斌を通しての重慶工作の進展に期待していたのであるが、中国から日本軍が全面撤退することは、陸軍にとっては承服でき難いことであり、当然、工作の妨害を行なったのであった。

日本軍は中国のどの戦場においても戦闘には負けてはいない。撤兵などもってのほかであるというのが、出先の軍の意思であった。

繆斌工作に尽力した田村真作は、その著書「繆斌工作」のなかで、日本軍閥とその手先となった外務官僚の妨害で工作は失敗したと痛憤している。

重光外相は、南京大使館書記官の情報をもとにして反対し、杉山陸相は、繆斌には肩書がなく、蔣介石の委任状も持ってきておらず、そんな人物とは交渉できないと、全然信用していなかったのだ。

繆斌が汪兆銘の南京政府において、立法院副院長に就任したが、重慶政府と連絡があるとの理由によって考試院次長に左遷されたことなどから、和平ブローカー呼ばわりされたのであろう。

また、木戸内府が小磯首相を嫌い、天皇にまで働きかけたと田村は怒っている。かれは南京政府と出先の軍人との間にくされ縁ができているために、南京政府解消に反対したと見ているのである。

こうして四面楚歌のうちに、小磯内閣の繆斌工作は失敗に終わった。小磯首相は国務と統帥の緊密化のために陸相の兼摂が必要であると考えていた。

杉山陸相が第一総軍司令官に転出、陸軍は後任に阿南大将を内定したが、小磯首相は右の趣旨により自身で陸相を兼任しようとした。これを陸軍は、軍部大臣の現役制をたてに拒絶したのである。

四月五日、小磯内閣はついに辞表を提出した。繆斌工作の失敗が辞職の理由の主なるものであった。

小磯首相は辞職にあたり、後継内閣に大本営内閣をと提唱した。しかし、これは木戸内府、軍部ともに反対したのである。統帥と国務を一緒にすることは困難であるというのがその理由であった。

後継内閣首班には、鈴木貫太郎大将が木戸内府、重臣に推されて就任した。鈴木内閣は終戦内閣といわれ、日本は八月十五日の終戦を迎えた。

繆斌は終戦の翌年五月二十一日、蘇州獅子国第三監獄で死刑執行の宣告を受け、一週間後刑を執行された。罪状は新民会に参加したことに対してであって、漢奸として処刑されたのである。かれは藍衣社の載笠と関係があるといわれていたが、その載笠は昭和二十一年三月二十四日、飛行機事故によって死亡した。暗殺されたという説もあったが。とまれ載笠の死によって、かれと対立していたC・C団の陳果夫によって繆斌は逮捕され、死刑にされたという。

繆斌に対する日本人の評価はまちまちであって、重慶との関係も謎に包まれている。重慶工作にともに奔走した田村真作が、七年間のつきあいで得た繆斌に対する結論は「かれは徹底した自由主義者であり、ヒューマニストであった。かれは古い東洋の道義と新しい西洋の科学性を兼ね備えたすぐれた中国の政治家であった。日本では石原莞爾中将、中国では繆斌の二人を、偉大な東亜の先覚者として尊敬する」（「繆斌工作」田村真作著）というものであった。

これと正反対の評価、

「日華和平実行案は、結局繆斌に対する不信と、日本の一方的撤兵に終わる虞れが大であるという、重慶政府に対する不信で陸海軍、外務大臣と統帥が反対した。繆斌の身分や資格、重慶政府との関係を曖昧にしたまま軽卒に迎え、暗躍に任せた。帰国後上海で日本政府の慇懃な待遇を吹聴し、日本の皇族、大臣と肩をならべて写した写真を引き伸ばして持ち歩き、自身の宣伝の具とした」（当時、支那派遣軍総参謀副長元陸軍少将今井武夫）

両極端の評価をうけて繆斌は死んだ。今となってはどちらが正しいか、その謎を解くことは難しいことであろう。

第七章　石井極秘機関

関第七三一部隊は死滅せず

毒ガス、細菌戦は、どこの国においてもこれを秘密裡に研究し、製作しているものといえる。

日本にも細菌戦術の研究製作が、満州で関東軍の手において秘かに行なわれていた事実が、戦後判明したのである。

その詳細は、モスクワで印刷出版された奥付のもので日本語の「細菌戦用兵器ノ準備及ビ使用ノ廉デ起訴サレタ元日本軍軍人ノ事件ニ関スル公判書類」という部厚な本が、ソ連代表部からと思われるルートで古本屋の店頭に現われたのである。当時私は一冊百円という価で二冊買ったのをおぼえている。これは、元新京、奉天の満州日報社の活字を接収したソ連軍が、日本人捕虜の手で印刷製本させたのだという。

関東軍総司令官山田乙三大将をはじめ、日本軍人が細菌戦を計画したというかどで戦争犯罪に抵触し、有罪とされたのである。表面上の呼称は「防疫給水隊」といわれ、関東軍第七三一部隊の略称をもっていたこの部隊は、石井軍医中将統率の下に研究実験が行なわれていた。

そして、この細菌戦の実態は、その終末に近い時代のことしか詳しくは紹介されていないもので、創設の時代のことはほとんど知られていないのである。

細菌兵器の研究を目的として、石井部隊が満州国内に設置されたのは意外に早かったのである。

満州事変は昭和六年九月十八日であって、昭和七年三月一日、満州建国が声明され、関東軍の絶大な支援によって独立国家として出発した、その翌年のことであった。

昭和八年中央においては陸軍大臣荒木貞夫（十月大将）次官中将柳川平助、軍務局長少将山岡重厚、軍事課長山下奉文、医務局長軍医中将合田平。現地、関東軍においては、参謀長兼特務部長たる小磯国昭、同参謀副長少将岡村寧次この七名のみの極秘事項として、いや、今一人、直接の創設担当者として軍医少将石井四郎、都合八名の「超極秘機関」が満州のハルピン東南方、拉賓線の駅近く、背陰河に開設された。

創立者の一人岡村大将はその回想録のなかにおいてこれを「石井極秘機関」と呼んでいる。

これが後に世を驚かせた細菌研究所であった。

戦後、東京椎名町の帝国銀行支店において、閉店後の残務整理中の午後三時半ごろのことであった。当時、一見四十五、六歳から五十歳ぐらいの、やせて頭を丸刈りにした一人の男が、ネズミ色の外套を着用、面会を求めたのであった。

支店長が、腹痛で早退しており、支店長代理が応接した。この男は、この付近の共同井戸の使用者から集団赤痢が発生した。また、この井戸の所有者は、当銀行の預金者なので、消毒せねばならない。

直ぐ進駐軍から消毒に来るが、それまでに予防薬を飲むようにと告げた。男は左腕に腕章をまき、医者のような感じがして、誰一人、この男をあやしむものはなかった。

行員全部をならばせた上、第一薬と、第二薬とがあって、第一薬をのんで一分以内に第二薬を飲まなければならない。この薬品は、強いため歯にふれるとホーロー質を痛めるといい、なれた手つきで自分が飲み方を実際にやってみせたのである。

アルマイトのお盆の上に人数だけ茶碗が並べられると、男は薬をスポイトでこれに入れ、いっせいに第一薬と称する薬品をのむよう命じたのである。薬は強い刺激のあるもので、第二薬をのんでも、その焼けつくような感じはなくならなかったのであった。生残者の証言であった。

苦しさのため、水を飲みに行こうとして、薬をのんだ行員は台所、洗面所、廊下などにつぎつぎに倒れ、みな苦しみ、うめき、計十二名が絶命したのである。助かったもの四名で、その生存者は、かろうじてはい出して、急を知らせた。

被害高現金十六万四千円、小切手額面一万七千円一枚。

昭和二十三年一月二十六日発生した帝銀事件であった。犯人としてテンペラ画を得意とする平沢貞通が逮捕され、すでに死刑が確定したまま、なお今日に至るまで刑の執行は行なわれていない。（昭和六十二年五月、八王子医療刑務所にて病死）

この事件の発生と同時に捜査当局において、真っ先に、そして、執拗なくらいに追求したのは元石井部隊の隊員であったのだ。復員しているはずの石井四郎元軍医中将を探し求めたが、所在不明で、どうやら、細菌戦の権威として米進駐軍の保護下にアメリカに滞在中であるという噂が極く一部に流れていた。

本来、石井部隊という名称ではなく、「……〇〇防疫給水隊」と呼ばれて、戦場における防疫業務、給水業務を本務としていたのである。

諸戦場において利用されたが、一例をあげれば、ビルマ戦場のラモウのごときは、金光砲兵少佐（玉砕後二階級特進の大佐）の防禦宜しきを得たことはいうまでもないが、この石井四郎少佐発明の「石井式濾水機」による効果も決して見のがすことはできない。

石井式濾水機の設置と、水道開発以前、そして包囲される前のラモウにおいては、搬水班という水を汲んで水を運ぶ班は、陣地戦において、もっとも重要な部隊の任務の一つであり、大へんな重労働であった。

高地の陣地から凸凹の激しい坂道を上下しながら、搬水班は一往復四、五時間もかかる地点から肩にした天ビンの両端に水桶をさげて運び込むのである。

昭和十九年六月二日、雲南遠征軍の猛攻が始められてから百二十余日、もし、このような搬水で飲料をまかなわねばならなかったとしたら、それは想像するまでもないことであった。渇水期となれば、水のない熱砂の大砂漠のようなラモウであり、これが雨期ともなれば下半身が泥土に埋まるという土地である。

昭和十八年暮れ、とくに師団長命令によって、軍医大尉岡崎正尚を長として、准尉吉田好雄らの給水施設のプロフェッショナルたちが鋭意、この資材不足、補給困難陣地において、石井式濾水機の設備を設置したのであった。

この工事の資材は、進駐時、敵の遺棄したトラックの部品などを利用して創りあげられたもので、ラモウ陣地の水道の配管は延べ三千メートルにも及び、水源の第一貯水槽は三インチパイプ。第一、第二水槽は二インチパイプで、守備隊本部はニインチパイプとし、各隊への配管は一インチパイプであった。第一貯水槽の貯水量は約五十石。

このようにして給水は一日朝夕二回をことかかなくなり、吉田准尉は司令部に帰還、岡崎軍医大尉は、守備隊に残り、玉砕の一人となった。

石井細菌戦の真相

本題たる石井細菌戦について語ろう。他の資料はつとめて避け、岡村寧次大将の回想記によって記すこととしたい。他の資料の方は、終戦後、ソ連国内において行なわれた軍事裁判の記録を基とするものが多く、創始者の記録の方が、資料としての価値が高いと信ずるからである。

「……関東軍では小磯参謀長と私だけが知っているという極秘中の極秘事項とし、私だけが直接石井と密会して中央と連絡するということになっていたので、私が独り同機関の現況を知っていたのであった。しかし、時日の経過に伴い、現地に秘密機関が現存しているため自然に、その所在を軍内の多くの者が知るようになった。その内容は熟知しないまでも」（岡村寧次）

とある。ともかくも、極秘中の超極秘の謀略工作のこと。「私の日記にも一切これに関しては書き留めてないので」とも記し、その記憶によって石井細菌戦工作を述べているのである。

石井四郎は、千葉県出身で、京都帝国大学医学部に陸軍の委託学生として在学し、京都帝国大学総長の娘と結婚したのである。前記の如く、関東軍防疫給水部すなわち石井細菌戦研究所は背陰河に設置され、その隣には、捕らえられた匪賊の収容所があった。匪賊収容所の隣を選んで建てたともいえよう。岡村参謀副長の命によって、石井軍医少佐は歩兵少佐の軍服を着用。部下将校も全て、その階級の歩兵科軍服を着用することとなった。軍属ともいうべき、雇員の全ては、石井少佐同様千葉出身者でかためた。それと外出禁止の部員たちの娯楽に苦心を払ったらしい。石井軍医少佐は、そのためか、新京の参謀副長の官舎へ、月二回ほど連絡に訪れるときなど、出された菓子類や果物はつつんで持ち帰るのが常であった。

自分は食わず、部下の青年たちにわかち与えるためであったらしい。岡村副長は、そのような石井少佐のために、特別の配慮をしてやらねばならなかった。

戦後、石井元軍医中将は、岡村元大将に対して、殺人兵器にして、専売特許権を持ち得るほどの発明は二百種類を超えたと語っているのである。

細菌の効力は生体実験によって試みられていた。生体実験は死刑確定の捕虜、囚人が当てられていた。しかし、いかに捕虜死刑囚とはいえ、本来、その国が規定している処刑をもってなされるべきで、死刑囚であるから、どんな方法で処刑してもいいというのではない筈である。

そういう点でも、この実験そのものにも問題がある。

「何分モルモットの代わりに、どうせ去りゆくものとは云え本物の人命を使用するのであるから、効果の挙がるのは、当然と云えば当然であった」

と記されているのである。

石井部隊、すなわち関東軍防疫給水部第七三一部隊また、通称「賀茂部隊」において研究され、製造される毒物は、ペスト菌、コレラ菌、チブス菌、赤痢菌、ジフテリヤ菌等あらゆる伝染病菌の研究製造が行なわれていたのである。

一度戦争がおこれば、これらの病菌を、たとえば、ペスト菌の如きは、ペスト菌を保有した媒体たるノミをセト物の爆弾につめて、目的地に投下する。セト物が割れて、ペスト菌をもったノミは直接人間に、また、鼠などについて伝播するのである。

かつて、満州国で、新京の寛城子においてペストが流行したとき、関東軍の謀略説が極く一部で囁かれたことがあった。しかし、これは農民間に自然発生的に流行したことが証明されたが、細菌戦研究所のことは隠すよりあらわるの諺どおりであった。

一度、一人伝染すれば、一町を一市をも全滅させることができる強烈な伝染病菌の研究製造がおこなわれていた。しかも、これは、諸外国の研究を凌駕する恐るべきものであった事実は、終戦後の一挿話をもってても明らかにされたのである。その一事はあとでかくこととして、石井研究所、関東軍防疫給水部について、今少し話を進めておこう。

細菌戦は、必ずしも直接人体を侵す毒物の研究開発ばかりではない。人間と戦争に不可欠の他の動物を間接に滅亡さす薬物の研究もなされていたのである。

そして農作物に対しても。牛馬、羊、豚などを殺す伝染菌。農作物、米、麦、人間や動物や植物果実など絶滅さす伝染菌の製造であった。河川湖沼の魚貝類も例外にはされなかったのである。

ペスト、赤痢、コレラ等の直接人体を冒す病毒のほか、麦の生産を根底から破壊する麦の穂を「黒穂」化す、伝染菌の発明製造であった。これは、病菌を飛行機で撒布すると、実った麦の穂が、真っ黒となり、収穫はゼロとなってしまう。

アメリカが、国際法でその使用を禁止している毒ガスを多量に沖縄に持ち込んでいた事実をみても、アメリカばかりではない、強国と小国とを問わず、毒ガスや細菌の研究製造をやっていないという証明はどこにもない。

ないのである。アメリカの沖縄ガスの如きも、左のような事件で初めて世間の耳目に触れたもので、その事件が起こらなかったなら、遂に何人にも知られることなく、極秘で保有されていたに違いないのである。

一九六九年、戦後二十四年目の七月八日、知花弾薬庫で、ガスもれ事故の発生があり、このために、二十四名のアメリカ駐留軍兵士の入院騒ぎがおこった。

アメリカの新聞報道によって毒ガスが沖縄に貯蔵されていた事実が日本人を驚かせたのである。しかも、その総量一万三千トンという。

同月二十二日、琉球立法院は緊急本会議を開催、直ちに撤去の要求を決議し、アメリカ政府も、沖縄の毒ガス貯蔵の事実を公式に認めるとともに近い将来撤去するとの発表を行なったのであった。

実験用の人間が問題であった。これだけ大がかりな多面多様の人間モルモットを保有することはなかなか困難といわねばならなかった。死刑宣告をうけたスパイ、いわゆる反満抗日匪といわれ、日、満以外からは、愛国者と呼ばれるものたちがこの実験に供されたのである。

前にも書いた如く、法治国において行なわれる処刑は、法文によって示された方法以外では違法である。戦時中、軍刑法によっての処刑が銃殺と決定されていた場合、それ以外の処刑方法はあくまでも違法であった。

しかし、関東軍第七三一部隊においては健康なる人間を必要とし、違法と承知で、岡村大将の「何分モルモットの代わりに、どうせ去りゆくものとは云え本物の人命を」使用せざるを得なかったのである。

そして、これらの死刑囚徒は、在満各地の憲兵隊から輸送されてくるのであった。これは「マルタ」（丸太）と呼ばれていたのである。

この特殊輸送に関して、護送を命ぜられた憲兵も「第七三一部隊」の中の秘密は知ることはできなかったのだ。

岡村寧次大将がまだ少将の関東軍参謀副長であった昭和八年、石井四郎も軍医少佐の時、背陰河に建設された細菌研究所は、まる十二年、一九五〇年モスクワ発行の前記の「……元日本軍軍人ノ事件ニ関スル公判書類」によれば、毎年五百人から六百人と記録されているが、これは、終末期に近い時代の、それも少し過大に算出されている数と考えられるのである。

第七三一部隊は、次第に拡大強化されたことも否めず、後期の規模は、満州のような広大な原野であったから、周囲約五千数百メートルの頑丈な塀で外部と遮断され、秘密もよく保持された機密戦の一大機関となり得たのであろう。

石井四郎は天才的な細菌学者であった。前記の石井式濾水機の如き、平和的な研究発明もあるが、細菌学については卓抜な頭脳と手腕とをもっていた。

岡村大将は、この研究所の驚異の成功発展の原因を生体実験という残酷な一事をあげているのである。さらに、部下の軍医の献身的な協力をもあげているのである。

このような危険物を周囲にしての研究ゆえその犠牲も少なくなかった。開設間もない時代、二人の軍医大尉が炭疽病菌の実験で殉職した。炭疽病というのは牛馬羊に多い病気で、土中にいる炭疽菌が病因となり急性の敗血症をおこすのである。

「私は中央の諒解を得て、架空の戦況を設けてこの両名のため殊勲を申請したことを憶えている」（岡村寧次）

石井軍医少佐は、軍医としてではなく、実戦部隊の一人として、大戦闘に参加し、実に勇敢に戦ったということであり、かつ、研究のためしばしば、その戦死の情況をフィルムに収めたのである。石井を、もっとも理解していたのは、終戦時、支那派遣軍総司令官であった岡村寧次大将であったろう。

岡村大将が、北支方面軍司令官時代――というから、昭和十六年七月から昭和十九年八月まで――石井四郎は、軍医少将であり、岡村軍司令官隷下の第一軍の軍医部長として、第一線業務についているのである。これは「進級のため」であった。

この時、凍傷の治療の研究に成功しているのである。摂氏三十七度の湯に患部をひたすのがもっとも効果があるということを実証したのである。

中央においてはこの方法をどういう理由かなかなか採用せず、岡村大将は、自分の隷下部隊においては、石井軍医少将の発見を実際に採用したことが、その回想録のなかに記されているのである。

「……私は北支軍限りにおいて、この方法を採用した。例えば討伐に行った歩兵小隊に凍傷患者が出た場合、取敢えず小隊全部の者の小便を集め、患者をこれに浴せしめて初療を完うすることができた。第二期に入り患部が相当崩れ変形した患者でも、この方法を気ながに採用すれば全治することができた」

とかいている。

昭和二十年八月九日。ソ連軍は突如として、三方の満ソ国境を侵攻しはじめたのであった。石井軍医中将は、当時、ハルピンに石井機関をもち、研究に従事していたが、命によって、研究資料——いうまでもなく、細菌兵器の極秘重要なエキスを三個のカバンにいれると、空路、東京に帰還し、この三個のカバンは秘かに、東京都牛込戸山町の自宅にかくしたのである。

ソ連は手近な満州国内のこと、この石井「細菌兵器」研究所の、第七三一部隊の存在は探知していたのであった。

しかし、ソ連参戦を知るや、同部隊は、全力をあげてその証拠を破壊焼却し、完全に湮滅し終わっていたのである。ソ連は、石井軍医中将追求の手をゆるめなかった。ソ連の追及はわかるとして、米軍も、石井軍医中将に対して驚くほどの重視ぶりを示したのであった。石井研究資料の争奪戦であった。

かつて「有末機関」の名で知られていた有末精三中将は、終戦時、進駐軍との連絡業務についていたが、ある日、総司令部へ石井軍医中将をつれてくるように命令された。

有末中将の心を襲ったのは一沫の不安であったのだ。しかし、石井中将を帯同して出頭する理由は「戦争犯罪容疑者としてか、あるいは石井軍医として利用するつもりか」をただすと、占領軍高官は、利用であると、はっきり答えた。

そこで、有末中将は、安心して、石井軍医中将を伴って、占領軍司令部へ出向いたが、以来、占領軍は、石井と度々折衝を重ねていたが、戦後、日本軍人はアメリカその他の国の軍人と異なって、相当高級将校でも、貯えのあるものは少なかった。

岡村大将は「石井に金子なども贈与されたこともあったが、結局、右の貴重な三個のカバンは内容とも、悉く米本国に持ち去られた」と書いている。

後年となって、占領軍司令部が持ち帰った陸海軍に関する押収文書の類も、ほとんど返還してきたのである。しかし、石井軍医中将が半生を賭して成した研究の成果たる三個のカバンは今日に至るも戻ってはこないのである。

第八章　中野学校

昭和十三年春「後方勤務要員養成所」なるものができた。陸軍省兵務局長に直轄されていた。当時、昭和十三年一月から十一月までの兵務局長は今村均であり、十三年三月中将に昇進している。

初代所長はのち少将としてハルピン特務機関長となり、ソ連軍が昭和二十年八月満州国に侵入するや、何人をもさしおいて秋草はどこかと眼を皿のようにして探索、捕らえるとすぐに他の将官とは全然差別していずれへか連れ去った。その秋草俊中佐であった。かれは大正十三年三月大尉、大正十五年四月東京外語に入り、昭和二年三月、ロシア語修了、ハルピンに留学した。昭和三年参本付となり、昭和八年三月、少佐のときハルピン特務機関補佐官となり、その後、ずっと特務畑を歩いた。

ソ連がこのように秋草少将に対して眼の色をかえたのは、果たして昭和十三年中野学校の初代校長であったからか、終戦時のハルピン特務機関長であったためか。いずれにもせよ、秋草少将は謀略戦、機密戦の権威であった。

この養成所こそ謀略課報員養成所であり、防諜上、後方勤務要員養成所の名称が付され、

戦後、スパイ養成所と騒がれた、中野学校の前身であった。

校舎は九段牛ケ淵の愛国婦人会本部の建物の一部を借りていた。ここを宿舎と校舎にあて

ていたのである。

昭和十四年、陸軍中野学校令が発令され、陸軍大臣の直轄機関となり、その初代校長は北島正元少将であった。そして、昭和十六年三月、参謀総長の直轄となったのである。

かんじんの要員をどこから選ぶかについて種々の意見があり、当事者にとっては、生徒の素質如何が要員養成の成功、不成功を大きく左右するから慎重に考慮したのである。

従来、秘密戦要員は陸大出か外国語に堪能な将校の間から選ばれていたが、かれらは軍の俊英ではあっても、実社会のことには疎い面があった。そこで要員は陸軍予備士官学校卒業生の少尉の間から選ぶこととしたのである。かれらは徴兵検査をうけて入隊し、中学校以上の卒業資格を持つ者は幹部候補生採用試験をうけ、予備士官学校をでて少尉に任官する。士官学校出と違い世の中のことをかなり知っているという利点があった。

各地の予備士官学校に優秀な者を推薦させ、試験を行なった。はじめは筆記試験、つぎに口頭試問を行なったが、試験問題は軍事はもちろん常識問題まで広範囲のテストであった。そのなかには岩畔少将の「準備されていた秘密戦」によると、相当の珍問を出して要員としての適性を試験したらしい。

そのうえ、候補者の家庭、本人の思想、履歴等を徹底的に憲兵に調査させた。

この厳重な検査に合格した二十名が第一期生であるが、修業年限は一ヵ年、この短期間に要員として必要な学科、実科、術科、精神教育を叩き込まれたのである。ことに精神教育を重んじたのであった。

秘密戦要員として欠くべからざる、縁の下の力もちに徹し、自己の欲望を捨て去り、名誉欲、物質欲、生への執着から超越するための訓育が行なわれた。

学科は、諜報、謀略、宣伝、防諜、占領地行政、戦争論、思想問題、政治問題、経済問題、語学等であった。実科は、諜報、謀略、宣伝、防諜等についての実務を教えた。術科は、護身術としての空手、柔道、剣道などの武技のほか自動車操縦などを覚えさせたのである。

所長秋草俊中佐、幹事福本亀治中佐、訓育は伊藤佐又少佐、教官は陸軍省、参謀本部員が兼務した。このほか外務省からも講義にきた。

元中野学校の校長であった川俣雄人中将は、生徒の訓育にあたった伊藤佐又少佐の高邁な識見と情熱を非常にたかくかっていたのであった。この伊藤佐又少佐について、元岩畔機関長岩畔豪雄少将は、昭和十四年正月、伊藤少佐が正月休みを利用して、生徒を引率し神戸の英国総領事館の襲撃を計画したことを書いている。事前に発覚して事なきを得たが、伊藤少佐は平常から日本は英米の桎梏から脱せねばならぬと説く青年将校であった。領事館襲撃が発覚して伊藤少佐は予備役となったが、生徒は襲撃計画を演習だと思いこんでいた。もちろん生徒は罰を受けなかった。

養成所は生徒の宿舎も所内にあったが粗末きわまるものであった。生徒は私塾的、寺小屋的な教育を受けたのであるが、ここで中野学校の伝統がつくられたのである。

生徒は入所と同時に本名を使うことは禁止され、防諜名を使用し、髪をのばし、背広を着用し、軍人らしくない姿をしていたのである。


九段牛ケ淵から養成所は中野の電信隊あとに移転した。中央線中野駅近くの中野囲町二番地である。牛ケ淵にくらべて中野は設備等格段の違いで整備されていた。移転後、間もない昭和十四年春には陸軍中野学校と改名され、勅令機関に昇格して、これまでの参謀本部第二部長の隷下から陸軍大臣直轄となった。中野学校初代校長は北島少将、幹事福本亀治大佐、昭和十五年になると校長は田中隆吉少将（兵務局兼任）、昭和十六年三月には参謀総長直轄となり、川俣雄人少将が二十年三月まで校長、その後山本敏少将が校長となった（「日本スパイの殿堂・中野学校の謎」川俣雄人）。

学校の施設が整備されるに従い、教育態勢も教育部、研究部、実験隊、学生隊等が設置され、寺小屋から学校として体裁を整えてきていた。正門には「陸軍通信研究所」の看板がかかげられ「第三十三部隊」という呼称が用いられたのである。

学校の秘密は厳重に守られていた。中野学校という名称は使われず、学生も職員も参謀本部付である。

創立のはじめには幹部候補生出身の将校のみであったが、次第に士官学校出身の将校も採用され、下士官も採用されるようになったのであった。生徒の数も第一期の二十名から逐次増員されていった。第一期学生のころは生徒はすべて同じ教育を授けられたのであるが、のちに専門別の教育となったのである。

甲種学生は、乙、丙種学生の課程をへて、ある期間実務についた優秀将校を学生とし、秘密戦の中枢となる者。

乙種学生は、陸軍士官学校出身の大、中尉を推薦によって学生とした。

丙種学生は、予備士官学校出身のものを試験して学生に。

丁種学生は、本校戊種学生出身の下士官を将校とするため試験して採用した。

戊種学生は、下士官候補者を試験して採用した。教育は実科を主にしたのである。

臨時召集学生は、特殊の目的をもって臨時に学生を召集教育するものであったが、実際に教育したのはつぎのようなものであった。

㈠、兵要地誌調査の教育を目的に、予備士官学校出身の見習士官を召集教育する。

㈡、大東亜戦争当初の「パレンバン」降下部隊のため、石油施設の攻略方法の臨時教育を担当する。

㈢、「ニューギニヤ」における遊撃戦要員として将校を召集教育する。

二俣分教所の学生は、予備士官学校出身の見習士官を採用し、遊撃戦の幹部要員となる教育を実施し、三期にわたって七百二十名を教育した（川俣雄人）。この二俣分教所は、昭和十九年、遊撃戦要員養成のため開設されたのである。

昭和十三年一月、後方勤務要員養成所ができたときは、十二年七月七日に端を発した支那事変が長期化し、解決が困難となりつつあったときである。トラウトマン工作、宇垣外相と孔祥熙との和平交渉も失敗に終わり、十五年九月の日独伊三国同盟によって、日本は次第に対米英戦争へと傾斜していった。それに比例して中野学校も拡大されたのであるが、元中野学校校長川俣中将は、中野学校が世界の情勢と日本の軍事情勢の推移に対し、後手、後手となって成長したことを嘆いているのである。由来秘密戦が真の成果をあげるためには、長い年月を必要とするのである。平時から諜報、防諜に力を注ぐべきであるのに、平時はもちろん戦争となっても日本が優勢な間は中野学校に対しても関心が薄かったと指摘している。

中野学校は戦争の末期となると、秘密戦というより戦争に直接関係ある遊撃戦に重点をおいて教育しなければならなくなったと川俣中将は述懐するのである。

昭和二十年春、いよいよ本土決戦必至の情勢にまで日本は追い込まれてしまっていた。中野学校も二十年四月、空襲の激化した東京から群馬県富岡町に疎開した。「中野学校は国内遊撃戦の総本部となり、遊撃隊を各正規軍の翼側に配置して掩護することを主眼とし、かつ敵の背後を撹乱する」態勢となった（川俣雄人）。

中野学校は終戦とともに崩壊し去ったのであるが、七年八ヵ月の間に約三千名の卒業生は、在外武官府、関東軍、台湾軍、朝鮮軍、支那派遣軍、南方総軍等に配属された。多くは特務機関員として「百万の軍隊にまさる威力」を発揮したのである（高木威「政治工作の根性教育」)。

中野学校は戦争中は厳重に国民の眼から隠されていたが、終戦後その存在が明らかにされると、スパイ養成所として好奇の目をもってみられた。

しかし、中野学校出身者は、目的のためには手段を選ばないとか、あらゆる策略を用いて情報を入手するとか、どのような卑劣な行為も任務のためには止むを得ないとする人間とみられていた。一口にいえば非人間の道を歩むのがスパイの宿命と考えられていたのであるが、スパイ養成所といわれる中野学校の出身者の、第一期生以来の伝統精神は「まこと」であった。かれらはアジア各地の異民族に任務以上の愛情を持って誠意をつくしてきたと川俣雄人元校長は力説するのである。

第九章　陸軍登戸研究所

日本が秘密戦の科学的資材の研究に着手しはじめたのは、昭和二年四月であった。戸山ケ原の陸軍科学研究所のなかの、篠田鐐大佐主宰の研究室が秘密戦資材の研究、試作に着手したのである。

この研究室はその後次第に発展、拡充、強化されるにつれ、科学研究所に同居していることは都合が悪くなってきた。研究室の本質からいっても機密保持は重要であり、設備も拡大し、研究室の人員も多くなっていた。

昭和十四年四月、小田急沿線稲田登戸駅近くの、約十一万坪の広大な敷地に研究所がつくられた。多摩川を見下ろす閑静な丘陵地に大小の建物が多数散在していた。

この登戸研究所は、戦前戦中はその目的は秘匿されて人の口にのぼることもなかったのであるが、戦後間もなく、陸軍の秘密戦のために必要な技術、秘密戦資材の研究、創造及び生産機関であったことが判明した。それ以来、謀略資材とは如何なるものであったか、旧登戸研究所は好奇の目をもってみられるようになった。

登戸に移転後、研究所の内容は急速に発展した。満州事変以来日本は日支事変、第二次世界大戦と打ちつづく戦争に、秘密戦の科学的資材はますます必要となっていたのである。終戦のころには物的にも人的にもおおよそ備わったものとなっていた。

研究所の陣容の充実は、設備内容とともに、有能なる人材をそれぞれの専門によって集め、適切なる組織編成により成果をあげた、所長の手腕と努力の結果であった。

所長篠田鐐工学博士は、大佐のときも研究室長であったが、中将に進級しても所長であった。定期的に異動があり、一つの任務に長期間つくことのない陸軍ではこれは異例のことであり、いかに篠田博士がこの仕事に重要な人物であったかがわかる。

秘密戦への関心が高まり、登戸研究所が充実するとともに、参謀本部、陸軍省、兵器行政本部の企画による秘密戦要員の教育機関中野学校が、昭和十五年極秘のうちに設立された。中野学校実験部隊と研究部は、登戸研究所の各種試作資材の実用価値を実験したうえ、その結果を報告した。登戸研究所と中野学校との提携が、現地の技術指導と資材補給を円滑活発にしたのであった。

しかし、日本の秘密戦資材の製作技術も秘密戦要員の教育も、外国に比しておくれていることは争えない事実であった。外国のそれとは歴史の長さにおいて比較にならなかった。

防諜部門の一つとして、満州事変以来憲兵の科学装備器材を研究し、憲兵装備を科学化した。このおかげで日本憲兵は世界に畏怖されたといってもいいであろう。

太平洋戦争が勃発してからは、特殊兵器の研究が活発になり、風船爆弾、殺人光線などがあらわれ、また経済工作としては、山本憲蔵主計大佐の偽造法幣があった。小型高性能無線通信機は高野泰秋少佐の製作で、硫黄島、沖縄では最後まで連絡に役立ったのである。

登戸研究所は秘密戦資材を諜報器材、防諜器材、謀略器材、宣伝器材の四つに分けていた。諜報器材は、情報の獲得、収集を目的として、無線の傍受、有線電信電話の盗聴録音、各種の科学的秘密通信法、暗号解読、偵察、統計、信書の開封と還元などであった。品種は多かったが、スパイにはつきものの小型偽装写真機は、ライター、マッチ、ステッキ、チョッキのボタン、ハンドバッグ、カバンなどに偽装されており、特殊通信用具は、オブラート製通信機、硝化紙からなる証拠消滅用通信紙。関鍵及び窃取用器材の七つ道具などは普通に使われていた。

防諜器材は、自国の秘密防衛体制の確立を第一として、相手国の戦力、秘密戦組織の究明、スパイの検挙、暗号、隠語、迷彩、偽装資材及び重要書類地図の秘匿法、安全金庫、防盗法、各種警報装置などの器材もそうであった。

謀略器材は、爆破、殺傷、焼夷（放火）、細菌、毒物、欺瞞、潜行、連絡などの器材で、目的と対象によって集団謀略用と個人謀略用に大別された。

破壊謀略資材には各種偽装爆薬として、カンヅメ、レンガ、石炭、チューブ、トランク、梱包箱、帯、磁石などの型があり、点火具は速時点火具と時限点火具があった。汽車、電車、自動車の機械的防害用具、明暗信管、温度信管があった。

放火謀略資材は、焼夷剤、点火法が同じように工夫されていた。殺傷には万年筆、ステッキなどに偽装された拳銃が使用され、毒物には速効性と遅効性のものがあり、主として遅効性のものが使われ、経口用、刺殺用、吸入用、催眠用などがあった。また、天然の毒性植物も利用され、飲物、医薬品などに混入された。

細菌は関東軍防疫給水部が主であり、法幣、パスポートなどは、登戸の別の一区画において製紙工場、造幣局を持っているような大規模なものであった。

宣伝器材は、宣伝用自動車（せ号車と称し、印刷機、印刷材料、強力遠距離放声装置、無線電話機、録音装置、発声映写装置をつんだ）、せ弾投射機、宣伝用噴進弾などであり、科学技術的にいかに高度なものを造るかが問題であった。

その他にも、変装資材として、顔面変装、被服、カツラと化粧用具、ステッキ潜望鏡、カギ穴のぞき用具、鑑別鏡、尾行者探知用バックミラー、逮捕及び自衛用具、尋問及び防盗用具、警察犬追跡防避法として合成特殊薬剤使用、発情剤及び麻痺剤などがあった。

憲兵用としては、相手国スパイの攻撃に対する防衛と秘密戦組織の究明、スパイの検挙などのために、憲兵による科学装備部隊の編成が必要となり、登戸に科学器材装備を提出させた。登戸ではこれらの研究がかなり進んでいたのである。

関東軍憲兵隊は、科学装備と科学捜査陣の確立は他より群を抜いていたが、他の憲兵部隊も次第に科学装備が整い、実用化の域に達したころ終戦となった。

終章　機密戦の重要性

戦争のあるところ、国家の存在する限り、常に不可欠なのは謀略戦であり、機密戦、スパイ戦なのである。

これは戦うはるか以前から準備され、用意され、着手されなければならず、着手されるのが習となっている。また、これは近代戦、現代戦になってからの特産物では決してない。支那においては三千年以前の大昔、孫子や呉子の頃から、戦争の重要な条件、戦略、政略とされてきているのである。実戦で勝つより、謀略戦で勝利を収め、実戦に至らないなら、これこそ作戦の至高最善の道であり、これ以上安価な買物はないといえる。

孫子は「兵は詭道なり」と本論の冒頭で喝破しているのである。「詐を以て立ち、利を以って動く」との文章もある。今少し詳しく述べるなら「故に能くすれども之に能くせざるを示し、用うれども之を用いざるを示し、近けれども之に遠きを示し、遠けれども之に近きを示し、利して之を誘ない、乱して之を取り、実すれば之に備え、強ければ之を避け、怒らせて之を撓し、卑しくして之を驕らせ、佚すれば、之を労し、親しめば之を離し、その備えなきを改め、その不意に出づ」

といっているのである。

読んで字の如く、戦うものの心得がすべてここに明確に示されているのではないか。戦闘にはいる以前に、この心得と準備を完了したものの方が、すでに勝利の椅子につく運命を握るのである。

昭和十八年、日本の戦局がようやく危機を告げるようになると、未だ平穏であった関東総軍から逐次空陸の兵力を装備のまま終戦の年の五月頃までに約二十数個師団を南方、内地に抽出した。関東軍はソ連に対するため、昭和二十年、現地の老若の未教育補充兵二十五万を根こそぎ動員した。孫子なら多分、少なければ多を示し、あるいは、小なれば大なるを示しというところであろう。しかし、装備の方を偽装するわけにはいかず、兵力のみ辛うじてゴマ化したのである。欧露から極東へ、凄まじい勢いで増強されていたソ連軍の実態を察知しながら、懸命に数だけを偽装したのである。

南方ビルマ戦線で一コ中隊か一コ大隊の守備部隊を優勢なる兵力と偽るために、将校に参謀飾緒をつけさせ、大隊でも長は少佐なのに、大佐や中佐のニセ参謀を、本部の門を頻繁に出入させたのも孫子の故智に習ったというべきであったろう。一中隊か一コ大隊の本部を師団司令部と偽装しての苦肉の策であったのだ。

孫子は、また、謀略戦の重要な一要素たる「間」についても一章を費やしているのである。間、すなわち間諜、スパイのことである。三千年近い以前、孫子が、用間の章の「およそ師を興すこと十万」といい——今次の大戦ぐらい、あるいは以上の兵力を想像していいであろう——「出でて征すること千里」も——これにふさわしい大遠征であることをうたい、国や人民が一日「千金の費」とある。これも今日流に換算すれば、何十兆の消費となり、「車を操ることを得ざる者、七十万家」とある。

三千年前の支那式表現の七十万家を、白髪三千丈式形容としても、今日、大戦争がおこれば、生業を喪うものはたちまち何百万家、何千万家となるであろう。

しかし、三千年も前にすでに、一度、大戦がおこれば、一日千金を費やし、業を失うもの七十万家もあることを警戒し、戦争のおこることを未然に防ぐことこそ、策の上乗なるものであることを、孫子はかれの「兵学」の全頁で説いているのである。

まさに「相守ること数年、以て一日の勝を争う」である。

しかし、数年、十数年かけて、たった一日の勝利のためにといって、出費をおしんだり謀略の経費を節約したりすることはまことにふらちであり、もし、首将たるものがそんな心がけであったとすれば人の上にたつ将とはいえないと断じ、「間諜」の必要性を説き、敵の情報を入手せねばならないと、諜報の必要性を声を大にして語っているのである。

抜群の将とは「まず知ればなり」といっているのである。

本書の「ロシア革命の煽動者」に詳述したように明石大佐（後大将）は命を帯びて欧州に

わたり、ロシアの後方撹乱のため、レーニン始め、多数の反帝政派の革命運動家に資金を与え、武器を供与して反乱革命を達成させたのであった。今日のソ連は、日本の助力によってどれほど大きな成果を挙げたか、日露戦争裏面史を繙けば一目瞭然であろう。

これは余談になるが、一九四五年、満州において、ソ連将校と接触する機会があって、言葉を交わすや、どの将校も異句同音に、スターリンはソ連軍が満州へ進攻する日、かれら全てに〝今こそ日露戦争の復讐戦である。必ず勝て〟を送別の辞としたということを語った。

その時から、今日まで、このスターリンの言葉には納得しかねている私なのである。

スターリンの大先輩、いやソ連革命の父、神かもしれないレーニンを助けてロマノフ王朝をつぶし帝政ロシアを崩壊させ、ソビエト・ロシア建設の基礎を創ったのは日本ではないか、その恩義ある日本に何の復讐ぞといいたいのである。

それはともかく、もし、あの時、欧露で革命動乱の気運が惹起していなかったなら、奉天は陥落したが、ハルピン以北に大兵力を集結し、真の日露の決戦は、ハルピン以北、これからであると豪語していたロシアであり、しかも、それも敢えて虚勢ばかりとはいえず、半面の真実でもあったのだから、若しそういう場合となった時、勝敗はどうなっていたかわからなかった。

だが、本国に内乱が起こっては、いかにのどから手の出る満州であっても、そして長い時間をかけて満州の心臓部へやっとくさびを打った、その満州であったとしても、満州でいつまでも戦っているわけにはいかない。

本家の方で内部抗争、それも帝政ロシアを根底から崩すような性質のものであっては、極東へ出している大兵力は、欧露へ至急に呼び戻さねばならなくなる。

明石大佐は、そのもっとも至難な任務を見事に果たしたのであった。そして、また、レーニンら反帝政派、革命家たちも日本の、明石大佐のこの強力な援助によってその目的を果たしたのであった。明治三十九年、満州へ出征した日本軍は、全日本の嵐のような歓迎のもとに凱旋して来たのであった。が、あれだけの偉業を成し遂げた明石大佐は、只独り、誰迎えるものもないなかを横浜港に降りたったのであった。

ロシアは米大統領ルーズベルトの講和勧告に応ずるほかないことをさとったのであった。

今少しソビエトについて、ソビエトという国が如何に、自分だけに都合のいい政策を他を顧みず強行する国であるか語っておきたい。

私は三十五年以前のことを思い出した。ソ連は、日ソ不可侵条約の有効期間中にも拘わらず、樺太千島旧日本領土を始め、日本の同盟国で日本が防衛に任じていた、そして早くソ連も承認していた満州国へ越境侵攻した。兵員総力百五十七万七千二百二十五名、戦車の数五千五百五十六輌、飛行機四千九百九十五機、大砲二万六千百三十七門という圧倒的戦力をもって侵攻してきたのである。

ソ連の掠奪暴行は、私が数冊の引揚小説であますところなく描いたのでここでかくことはひかえるが、その暴行は、師と仰ぎ、兄事していた友軍中国共産軍すら顰蹙し、顔を背けるほどのものであった。私は偽名を安野雅彦と名乗り、瀋陽館の一室をもらって居住していたが、ここはソ連衛戍司令部の公認団体遼寧芸術協会に、その三分の二を協会員の宿舎として与えられていたもので、三分の一の洋館の方はソ連軍の軍法官の将校宿舎になっており、門前には衛兵が立ち、赤旗がひるがえっていたのであった。

私はそこで文学部長、新芸術編集長（終戦後、日本語で刊行された最初にして最後の雑誌であった）、芸術学院速成科長をやらされていた。地下に潜っている私は、いろいろと表面にはたちたくなかったのだが、やる人がないと無理に押し付けられていた。その時代、ソ連の愛弟子であるはずの八路軍（中国共産軍）をどうした理由か、ソ連軍は、市の十キロ周辺外にしか駐屯させなかった。

だが、八路の幹部たちは私の室へよく出入していた。皆日本語はペラペラであった。なかには日本人ではないかと思うような人もいた。その幹部たちは、ソ連軍をよく言わなかった。むしろ悪ざまに罵る人もいた。初め、私は情報をとるためかとも思い、あるいはもっと裏を考えて決して油断しなかったが、しかし、やがて、それが本心であることを知って不可思議に思った。悪口は具体的な例になり、ソ連はあくことを知らず中国を搾取しているという言葉まで飛び出すに至っては一驚する外はなかったのである。そして、帰国して三十余年、中国の反ソ思想がほんものであり、犬猿の仲であることを知って、あの時、もっともっと具体的な事実と数字をきいておけばよかったのにと、今悔いているくらいである。

侵攻の大きなものだけを挙げてみても一九五三年に東ベルリンへ、一九五六年にハンガリーに、一九六八年にチェコスロヴァキアへ、一九七九年にアフガニスタンへ、そしてアフガニスタンばかりではない、友好善隣協力条約に基づいて出兵し進駐、いや侵攻しているのはソ連の常套手段である。ソ連に対してどれほど恐怖しても、恐怖し足りないということはないと思われる。

私は、あるところへ書くためにメモしておいた文章が出てきたのでここへ書いておきたい。昭和五十二年五月十七日と記されており、テレビのニュースをみているときの、どうもノートのようであるが、こんなことが書かれている。

「交渉は大筋では妥結、線引き漁業に限定と鬼の首でもとったように欣んでおり、政府首脳もやれやれとうれし気に談話を発表している。甘いにもほどがある。みていてごらんなさい、必ず、ソ連はそんなお人よしの国ではない。平然、ケロリとしてひっくり返してくると私は予言しておきたい。いい悪いは別として武力の背景のない外交は成功しない。ソ速の外交はいつも武器兵力をチラつかせて相手を屈服させるのだ。クラウゼヴィッツではないが、戦争とは自分の〝我〟を相手に押しつける暴力行為に外ならず、ソ連の対外戦争は全て正義の戦いなぞはなく、自分の我を押し通すための唯一の手段となっている」

プラハで行なわれていた体操競技ですら、誰がみても一位優勝のコマネチを二位に、ソ連のキムを優勝に変更している。ソ連とはそういうことを平然とやってのける国である。しかし、ルーマニアは選手全員を引き上げさせている。立派である。毅然としている。生憎戦後の日本には毅然としたところがない。

ソ連が一九七九年暮れ、アフガニスタンへ侵攻した時、ありとあらゆる国が非難した。いろいろな面白い記事が各紙、各誌にのったが、私の興味を引いたのは週刊新潮の一月二十四日号の見出しであった。曰く、

『日本共産党の要請でソ連が〝援助進駐〟する杞憂』

北海道へソ軍進駐、なんて夢物語とはいえないぞなどと思いながら、一月十八日夜、テレビドラマをみていたら大変なテロップが流れた。陸上自衛隊元陸将補（昔なら陸軍少将）がソ連のスパイをやっていたという文字である。翌十九日の朝刊からは連日連夜この破廉恥漢の記事で新聞は埋めつくされている。

レポ船のことといい、北海道の、自衛隊駐屯地付近はいうに及ばず、北海道全土には、日本人そっくりの顔をした対日スパイや、日本人スパイがうようよしているという。杞の国の某さんは天が落ちてくると取越苦労をして笑われたが、ソ連のやり口に対してだけは、杞憂とばかりは言っていられないのではなかろうか。近頃では軌道を外れた衛星が落ちてくる時代なのだ。まして、口や公文で善隣友好をうたっておいて、援助出兵はソ連のお家芸なのである。

スパイ天国日本、もし、ソ連が侵攻して来たら、どんなことになるか、満州にいたものは誰でもよく知っているはずであり、シベリアへ連行された将兵や地方人が、ソ連には日本人

を捕虜とする何の権利もないのに、どんな風に非人道的に取り扱かったか骨の髄まで知り尽くしているはずである。

三千年の昔、孫子はすでに諜報謀略の必要性を説き、その用間に五つの種類のあることをかき残していたのである。

敵国人の故郷の人間をわれの間諜とする。敵の内部の上層の官吏とか役職にある人間をわがスパイとする。次に反間といい、敵の諜報者をわが方につける。逆用するのである。ソ連大使館付武官リバルキン少将、武官補佐官ゴズロフ大佐に〝反間〟にさせられた対ソ情報のエキスパートだった宮永幸久元陸将補の如く、スパイ術にかけてはソ連の方がはるかに上であったのである。

第四に、「死間」というのがある。これはわが諜報に、初めから偽りの情報を与え、敵をあざむく。ところが、敵はこのニセ情報に踊らされ、怒ってこの内通した間諜を殺す。今日行なわれる敵に正しい情報を与え、その何倍何百倍の戦果を約束する情報をとるような方法など、こうした孫子時代からの用間の応用であろう。

第五の「生間」というのは、志操堅固意志強固な人間でなくてはなかなかむずかしい任務というべきではあるが、敵国に潜入して、欲する情報を入手して無事に帰還し報告するのを称しているのである。

戦わずして、敵を征する法――昔から常にこのことは真剣に考えられ、論じられてきている。以下は兵法「六韜（りくとう）」にかかれた、とくに謀略諜報についてのみ拾ってみようと思うのである。

六韜は、伝えられるところによると、周の国の文王、武王の二皇帝と太公望との間で交わされた、政治、軍事に関する質疑応答の形式をとった兵法書である。

このなかに、文王が太公望に対し、兵力を用いずして、敵を征する方法はないかと問うた。

太公望は、十二の法があると答え、

第一に、敵を驕らすことである。

第二に、敵王の寵臣を手なづけて、両者の間を離反させる法。

第三は、敵国の重臣を買収してわが味方とする。

第四は、敵の国王に美女を供し、淫楽にふけらせ、金銀財宝をおくって堕落させること。

第五は、敵国の重臣に対しては手厚いもてなしをなし、君主には、おくりものも重臣より手軽なものとする。君主は臣の心事に疑念をもつようになる。

第六は、これも同じような方法で、敵国の朝臣を利用し、内乱を策すのである。

第七は、敵国君主と臣下に、多額のおくりものをすることによって、その人心をわれにつけ、自然に、国内の重要産業をないがしろにするように仕向ける。防備を虚しくせしめるのである。

第八に、敵の君主に、わが宝物をおしげなくおくる。敵君主と親好をむすび、戦わずして和平を成功さす。

第九に、敵の君主を心から尊敬するように偽わり、君主をして虚名に安んじさせる。奢侈遊惰の心をおこすことによって、自然衰亡におとしいれる謀略である。
第十に、身を虚しく敵王に仕え、陰日向なく敵王に滅死奉公することによって、敵王の心の底からの信頼をうけた後、秘かに、こちらの陰謀を達成するのである。
第十一に、これも、敵の首将たるものを、財宝をもって買収し、自国の防備強大な武力などを劣弱とみせかけ、敵の上下に油断をさせたうえ、自国の謀略の士を秘かに潜入させて、これを敵王の臣下の列に加え、内外から、敵国王とその臣下の弱体化を計る。
第十二は、敵国内に乱臣賊子を養わせるような謀略の手をうつ、常道として色欲二道を以ってするのである。女と金である。

謀略機密諜報戦に不可欠の条件が、三千年の大昔から、今日でも、美女と富貴、女と金があった。宮永も、この女と金の例外ではなかったのである。慎むべきは、金と女であるとは。

孫子といい、六韜といい、また、支那古兵法といわれる司馬法、慰繚子、李衛公間対、あるいは呉子、三略などはみな二、三千年も昔の兵学である。しかし、用兵の法といい、将たるものの心得といい、また、幕僚の心がけ、君主たるものの道も、会社社長、また企業の幹部、これを利用するなら、現代の処世の法ともなり、そして謀略陰謀の手段方法の原則は実に完璧に説述されているという気がするのである。

これらの文章内容を、現代戦の実際と対比し解剖してみるなら、その興味は尽きるところがないといえよう。但し、下手にこの謀略陰謀を現代社会で応用するとロッキード事件となり、何々汚職に発展する結果となる。むずかしき哉謀略作戦。

日本とアメリカの謀略作戦では、アメリカの方が日本にまさっていた。暗号の解読については度々いわれてきており、電波探知機の発明など……。

昭和十七年の初めの頃、日本は優勢に戦いを進めており、米軍は実戦では随所に大敗を喫していた。ところが、アメリカは次のように逆に宣伝弘報していたのであった。

銃後の国民に向かい、陸でも海でも、米軍は日本軍を圧倒し、勝利を占めている。だが、残念ながら、その宣伝戦謀略戦においては日本はアメリカに勝っているのである。勇敢なる陸・海・空の将兵が勝利を収めているときに、謀略宣伝戦などで敗けたり、日本側の巧妙な謀略宣伝に引っかかっては、最前戦で勇敢に奮戦しているわが将兵に申し訳けがないだろう――と巧妙に宣伝効果をすりかえて宣伝したのであった。

謀略とはこのようにちょっとした心理的パズル、すり換えにもある。

中国側の謀略で、私が今日でも尚感嘆をおしまないものがある。詳しくは、私の著作集第二巻「関東軍・満車の相剋」と、第一巻の中の月報第一号にかいておいたが、終戦前、昭和十八年後期であったかと思う、私の家へいつも遊びに来ている一人の憲兵が訪ねて来て、座るなり、ハサミと半紙を貸して下さいという。器用な手つきで、半紙を折ってこれを切ると、ナチ・ドイツとイタリアの国旗、日の丸が出来、残った紙をならべると、完了（ワンラ）の文字が残った。

つまり三国同盟の終焉を意味し、三国の潰滅を意味する遊戯なのである。

「中国筋から入って来たと思うのですが、下手に取り締まると逆効果となり困っています」という。

これなど何の費用もいらず、自前の紙とハサミで、小学児童が休み時間にワンラ、ワンラと騒ぎながら敵国（いや、当時は日・満同盟国同士の児童たちである）の亡失を予言する巧妙な謀略に打ち興じていたのだ。

さすが孫子や呉子を生んだ国であると私はリツ然となったのを覚えている。

先に書いたように、二巻と、月報一号に詳しく記したが、この話には後日譚がある。昭和二十一年春、ソ連が北方へ撤収し、後に国府軍が進駐してきたが、私たちにとっていかに軍服を着ていようと、それが正規の国府軍か、あるいは八路（パーロ）（中国共産軍）か判別のつけようはない。

国府軍大佐を長とする一団に私はつかまったことがあったが、あやうく切り抜けた、その後、数日後、のことであった。迎えが来て、その大佐の部屋へゆくと、私を直接調べた汪老少佐が、今日は私独りです、お話しましょうと、立ち上がって茶ダンスの引出しから、鋏と紙を取り出してきたのである。そして卓袱台の向こう側に座ると、「安野先生」と呼びかけて、私の目を静かにみた。（以下、著作集にかいた文章をそのまま左に引用しておこう）

「日本語、イタリア語、ドイツ語、スペイン語、英語ペラペラの汪少校の語りかけるような深く凄味の有るその目は、正にスパイそのものの目であった。００７（ダブルオーセブン）のジェームズ・ボンドなど、それに比べればとうてい女王陛下のスパイがつとまる目とはとても思えるしろものではない。

静かに無言で、器用に紙を折り、それをまた器用な手つきでスイスイと折った紙を切っていった。

私の背中に、寒いものが走った。

卓袱台の上には、あの日、中国側の間諜の仕業と思われ、満州各地に拡がり、官憲が取締るすべもなかった完了（ワンラ）の紙切遊戯の文字が出来上っていた。

イタリア、ドイツ、日本三国の完了（終末）の旗と文字が紫檀の卓袱台の上にひっそりと白抜きになって浮んだ。

汪少校の苦心の作であるというのである。汪少校はぽっそりと言った。〝重慶の私たちには、一番苦しい時代でした〟

資料

大臣㊞　次官㊞　局長㊞　課長㊞　課員㊞

昭和二十年度機密費運用及配当計画

本計画ニ基キ本年度機密費ヲ運用並ニ配当致度右決裁ヲ請ウ

第一　昭和十九年度使用実績及昭和二十年度予算額ノ大要

一、昭和十九年度使用実績左ノ如シ（（）内ハ計画額トス

陸軍省	四、五八一、四二〇	（六、四六〇、〇〇〇）
参謀本部	三、三〇二、〇〇〇	（二、四〇八、〇〇〇）
内地官衙軍隊	五、〇五六、二八〇	（三、五八九、〇〇〇）
関東軍	八、〇〇〇、〇〇〇	（八、〇〇〇、〇〇〇）
支那派遣軍	五一、六三六、〇〇〇	（五一、五五六、〇〇〇）

南方各軍　五〇、六二〇、〇〇〇　（三六、九〇〇、〇〇〇）

計　一二三、一九五、七〇〇　（一〇八、九一三、〇〇〇）

(1)　計画ヨリ増加セルハ国土戦場化ニ伴ヒ台湾軍、沖縄軍ニ経費増加セルト南方特ニ比島ノ物騰並ニ南方各地ニ於ケル遊撃戦工作実施トニ依ル陸軍省ニオケル「減」ハ大臣交送ニ因ル

(2)　使用実績ノ細部附表第一乃至第四乃別表ノ如シ

二、予算ノ大要左ノ如シ

昭和十九年度繰越額　二八六万円

次官保管予備金　七〇〇万円（南方商社及前大臣返納等ノ分）

小　計　九八六万円

昭和二十年度予算成立額　四〇、〇〇〇万円

総　額　四〇、九八六万円

第二　運用方針

一、外地各軍ニ対シテハ十九年度ノ実績ト物価騰貴トヲ勘案シ細部ヲ区分スルコトナク運用セシムルト共ニ国土内軍隊ノ遊撃戦工作等ヲ活発ナラシムル為新ニ所要額ヲ交付スルノミ

ナラズ之カ為ノ予備金ヲ控置ス

二、予備金三、〇〇〇万円ハ主トシテ国土内諸情勢ニ応ズル為ニシテ支那、南方等ノ物騰年平均五倍以上ニ達スルトキハ別途処理スルコトトシ特ニ之カ為ノ予備金ヲ考慮セス

三、一般機密費ハ一般ニ物価高ヲ考慮スルト共ニ軍需動員部隊、内地軍隊ヲ重視ス　従来ノ国防思想普及費ハ現戦局ニ鑑ミ一般機密費トシテ運用セシム

四、特殊工作費ハ外地軍ニ在リテハ諜報、謀略、防諜、遊撃工作等ヲ主トシ内地軍ニ在リテハ遊撃工作ヲ重視ス

比島、印度「ビルマ」政府補助ハ計上セサルモ安南ニ対シテハ補助ヲ要スルコトヲ予期ス

五、物価騰貴ヲ左ノ如ク考慮ス

内地　二割、　満州　二割、　支那　五割、　南方　三倍

第三　配当要領

一、配当ノ趣旨ハ運用方針ニ拠ルモノトシ其ノ一般計画附表第一ノ如シ

二、総軍等ニ一括配当シ実情ニ即シテ運用セシムルヲ本則トスルモ内地各軍ハ従来ノ要領ニ依リ第一、第二総軍及航空総軍ニハ別ニ配当ス

三、一般機密費ノ配当附表第二及第三ノ如ク年度初頭全額令達シ上半期ノ戦力化ニ便ナラシム

但シ外地ニ在リテハ年度額ヲ内示シ四半期毎ニ令達ス

四、特殊工作費ノ配当附表第四ノ如ク右ニ準シテ令達ス

五、臨時ノ経費ハ其ノ都度ノ詮議ニ依ル

六、各部隊ノ要求別冊ノ如シ

昭和二十年度機密費使用計画一覧表

部局＼年度	十九年度実績額	二十年度配当額（案）計画配当額	将来見込額	計
陸軍省	四、五八一、四二〇	四、七七〇、〇〇〇	三、〇〇〇、〇〇〇	七、七七〇、〇〇〇
参謀本部	三、三〇二、〇〇〇	三、三〇〇、〇〇〇	一、〇〇〇、〇〇〇	四、三〇〇、〇〇〇
内地官衙	一、七二九、二八〇	二、三四〇、〇〇〇	〇	二、三四〇、〇〇〇
軍需動員部隊	八四六、五〇〇	九九七、〇〇〇	三〇〇、〇〇〇	一、二九七、〇〇〇
内地軍隊（朝鮮台湾含ム）	二、四八〇、五〇〇	七、三八〇、〇〇〇	五、〇〇〇、〇〇〇	一二、三八〇、〇〇〇
関東軍	八、〇〇〇、〇〇〇	七、七〇〇、〇〇〇	〇	七、七〇〇、〇〇〇
支那派遣軍	五一、六三六、〇〇〇	二五三、五五〇、〇〇〇	物騰ノタメ別ニ処置ヲ要スヘシ	二五三、五五〇、〇〇〇
南方軍（中部太平洋含ム）	五〇、六二〇、〇〇〇	九〇、〇〇〇、〇〇〇	同右	九〇、〇〇〇、〇〇〇
計	一二三、一九五、七〇〇	三七〇、〇三七、〇〇〇	九、三〇〇、〇〇〇	三七九、三三七、〇〇〇
前渡資金流用ノ分組替	一五、三四〇、九六二	〇	〇	〇
総計	一三八、五三六、六六二	三七〇、〇三七、〇〇〇	九、三〇〇、〇〇〇	三七九、三三七、〇〇〇
備考	前渡資金流用ノ分組替ハ大東亜戦争当初ノモノヲ整理シタルモノナリ	予備内訳左ノ如シ 一、控置額 二、次官保管予備金七、〇〇〇、〇〇〇円 計三〇、五二六、〇一六円二八		

一般機密費（国防思想普及費含ム）配当計画（官衙学校）

部局	十八年度実績額	二十年度配当額	摘要
陸軍省	四、五八一、四二〇	四、七七〇、〇〇〇	(1)次官使用二〇〇万ハ二十年度ニ含ム
参謀本部	八八八、〇〇〇	一、〇〇〇、〇〇〇	(2)召募用四四万ヲ含ム鉄司、中野技陸大分含ム
教育総監部	四九、五〇〇	七〇、〇〇〇	
航空総監部	一〇、〇〇〇	〇	事実上閉鎖
航空本部	九三、〇〇〇	一〇〇、〇〇〇	隷下含ム
兵器行政本部	九五、〇〇〇	一二〇、〇〇〇	二割増
憲兵司令部	七三〇、〇〇〇	一、三〇〇、〇〇〇	編成増、治安対策重視
軍事資料部	六八四、〇〇〇	七〇〇、〇〇〇	残額ヲ見込ミ一・五割増
登戸研究所	二三〇、〇〇〇	二五〇、〇〇〇	
需品本廠	五二六、〇〇〇	五四〇、〇〇〇	一、物価高ヲ顧慮シ前年並ニ 二、物資取得雑費含ム
糧秣本廠	三二、〇〇〇	四〇、〇〇〇	藷増産工作含ム
被服本廠	二六、〇〇〇	三〇、〇〇〇	
製絨本廠	八、〇〇〇	一〇、〇〇〇	

燃料本部	三五、〇〇〇	一〇〇、〇〇〇	燃料増産重視
衛生材料廠	二〇、〇〇〇	四〇、〇〇〇	管理、監督工場約倍トナル
獣医資材廠	一〇、〇〇〇	一二、〇〇〇	
輸送統制部	一九、〇〇〇	〇	六ヶ所分各軍管区ニ移管
多摩技術研究所	一三、〇〇〇	一〇、〇〇〇	所長異動顧慮
待従武官府	二、〇〇〇	三、〇〇〇	
軍馬補充部	一、〇〇〇	五、〇〇〇	
経理学校	一、五〇〇	二、〇〇〇	
軍医学校	〇	三、〇〇〇	防疫班活動ニ資スルタメ
臨東一病	五四〇	一、〇〇〇	
臨東三病	二四〇	一、〇〇〇	
計	八、〇四五、二〇〇	九、一〇七、〇〇〇	

一般機密費（国防思想普及費含ム）配当計画（軍隊関係）

部局	十八年度実績額	二十年度配当額	摘要
北部軍管区	一四五、五〇〇	二五〇、〇〇〇	配当基準左ノ如シ 一、軍管区司令部（召募業務関係地方人謝礼費含ム） 四・〇万円 軍管区司令部（隷下召募業務関係地方人謝礼費含ム） 二・五万円 軍司令部 一・五万円 野戦師団（隷下含ム） 一・〇万円 其ノ他従来ノ国防思想普及費ハ二割増トス 二、船舶司令部 三・五万円 輸送司令部 一・五万円 三、飛行師団 〇・五―二・〇万円 四、輸送統制部 〇・三万円
東北軍管区	一〇、〇〇〇	一七〇、〇〇〇	
東部軍管区	一五八、八〇〇	二五〇、〇〇〇	
東海軍管区	一五、〇〇〇	一二〇、〇〇〇	
中部軍管区	一二四、七〇〇	二〇〇、〇〇〇	
西部軍管区	一一九、七〇〇	三三〇、〇〇〇	
台湾軍管区	一二六、〇〇〇	五〇〇、〇〇〇	
第三十二軍	四九、〇〇〇	台湾ニ含ム	
小笠原兵団	二〇、〇〇〇	一五、〇〇〇	
第三十六軍	五〇、〇〇〇	一〇〇、〇〇〇	
朝鮮軍管区	七三、〇〇〇	三〇〇、〇〇〇	
防衛総司令部	三六、〇〇〇	〇	
第一総軍	〇	一〇〇、〇〇〇	

第二総軍	○	一〇〇、〇〇〇	五、新設聯隊等ノ将校団ニハ団結補助トシテ別ニ一、〇〇〇円配当スルモノトス。
航空総軍	○	一〇〇、〇〇〇	
第一航空軍	七七、八〇〇	一三〇、〇〇〇	
第六航空軍	二〇、〇〇〇	一五〇、〇〇〇	
教導航空軍	一〇、〇〇〇	○	
船舶司令部	四五、〇〇〇	一二〇、〇〇〇	
小計	一、〇八〇、五〇〇	二、九三五、〇〇〇	
関東軍	三、二〇〇、〇〇〇	三、二〇〇、〇〇〇	前年度並
支那派遣軍	三八、七四〇、〇〇〇	三〇〇、〇〇〇、〇〇〇	
香港総督軍	七五、〇〇〇	○	総軍ニ一括配当ス
南方総軍	九、九三〇、〇〇〇	三〇、〇〇〇、〇〇〇	
第八方面軍	二五〇、〇〇〇	○	十九年度二期分ニテ爾後配当セス
第三十一軍	五〇、〇〇〇	○	
小計	五二、二四五、〇〇〇	二三三、二〇〇、〇〇〇	保留ス
総計	五三、三二五、五〇〇	二三六、一三五、〇〇〇	

特務工作費（課報、謀略、遊撃工作等）配当計画

部局	十九年度実績額	二十年度配当額	摘要
参謀本部	二、四一四、〇〇〇	二、三〇〇、〇〇〇	一、細部別紙 二、映画製作費除ク
北部軍管区	四五〇、〇〇〇	四五〇、〇〇〇	昨年並
東北軍管区	〇	二〇〇、〇〇〇	遊撃工作等
東部軍管区	〇	〇	別途請求ニ依ル
東海軍管区	〇	七五、〇〇〇	民間挺身遊撃工作（請求ノ通リ）
中部軍管区	〇	三六〇、〇〇〇	同右
西部軍管区	〇	四五〇、〇〇〇	同右（計画別紙）
台湾軍管区	三九〇、〇〇〇	一、二〇〇、〇〇〇	同右（月額一〇万円）
第三十二軍	一〇〇、〇〇〇	台湾ニ含マシム	
朝鮮軍管区	三〇〇、〇〇〇	一、六〇〇、〇〇〇	課報六〇万円、遊撃一〇〇万円
船舶司令部	一七〇、〇〇〇	一一〇、〇〇〇	輸送及徴備工作、海軍工作等
小計	三、八二四、〇〇〇	六、七四五、〇〇〇	

関東軍	四、八〇〇、〇〇〇	四、五〇〇、〇〇〇	一、対ソ警戒費 二八二万円 二、謀略部隊費 一六八万円 三、李海天工作ヲ中止ス
支那派遣軍	一二、八九六、〇〇〇	五三、五五〇、〇〇〇	一、謀略費 五、〇〇〇万円 二、経済工作費 一二五万円 三、特報費 一三〇万円 四、「ラジヲ」謀略保留（二〇〇万円）
南方軍	四〇、三九〇、〇〇〇	六〇、〇〇〇、〇〇〇	一、印度工作 一、〇〇〇万円 二、遊撃工作 二、〇〇〇万円 三、明工作 一、〇〇〇万円 四、其他継続 二、〇〇〇万円 五、印度仮政府及比島政府補助中止
小計	五八、〇八六、〇〇〇	一一八、〇五〇、〇〇〇	
総計	六一、九一〇、〇〇〇	一二四、七九五、〇〇〇	

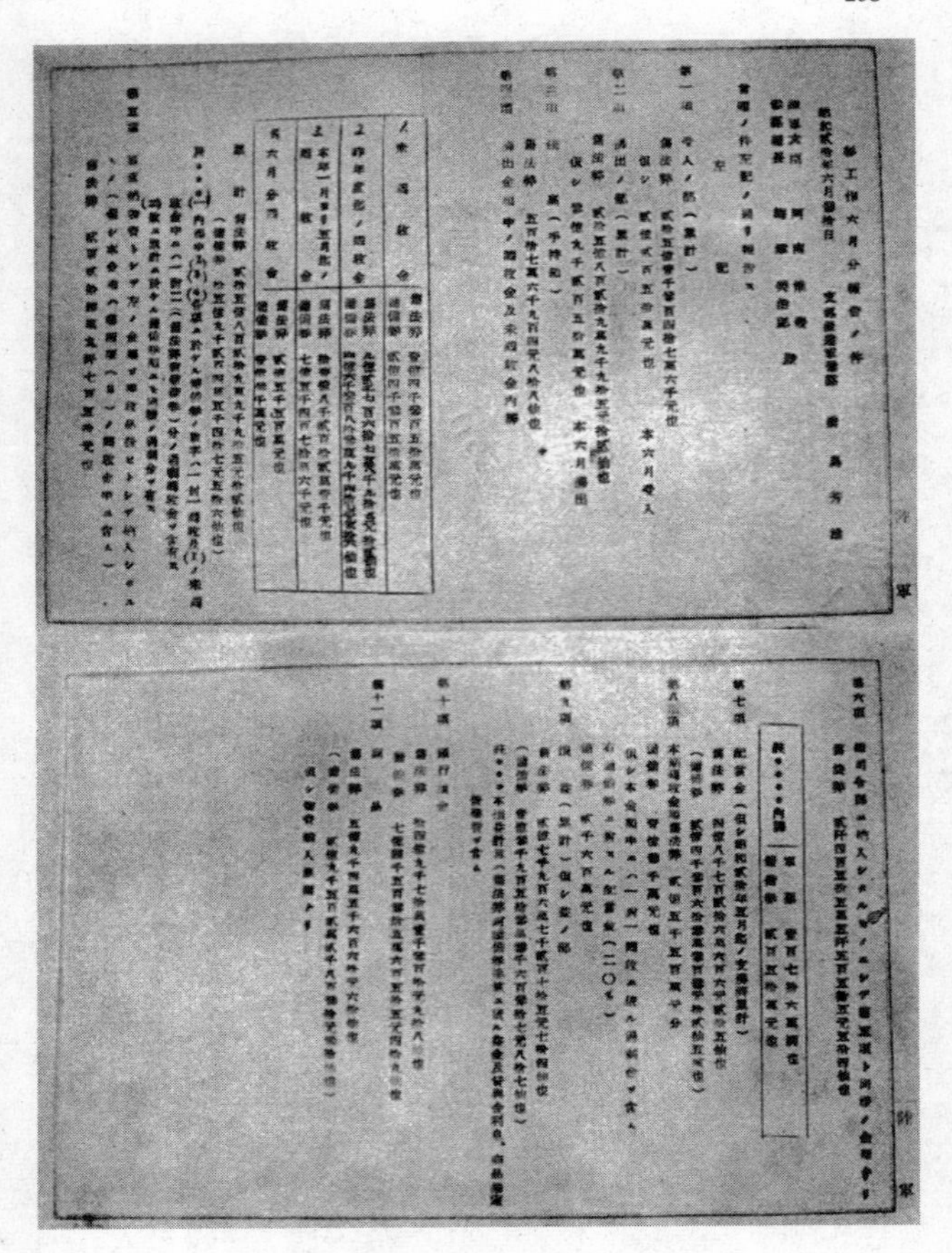

杉工作六月分報告ノ件

大臣 次官 局長 課長 課員

昭和二十年度機密費運用及配当計画

本計画ニ基キ本年度機密費ノ運用竝ニ配当致度
右決裁ヲ請フ

第一 昭和十九年度使用実績及
昭和二十年度予算額ノ大要

一、昭和十九年度使用実績左ノ如シ（（）内計画額トス）

	使用実績	計画額
陸軍省	四五八一四二〇	（六四六〇〇〇〇）
参謀本部	一五〇二〇〇〇	（二四〇八〇〇〇）
内地官衙軍隊	五〇五六二八〇	（三五八九〇〇〇）
関東軍	八〇〇〇〇〇〇	（八〇〇〇〇〇〇）
支那派遣軍	五一〇六五六〇〇〇	（五一五五六〇〇〇）
南方各軍	五〇六二〇〇〇〇	（二六九〇〇〇〇）
計	一二三一九五七〇〇〇	（一〇八九一五〇〇〇〇）

イ、計画ニ対シ増加セルハ国土戦場化ニ伴ヒ台湾軍沖縄軍経費増加セルト南方特ニ比島、ビルマ於ケル南方各地ニ於ケル遊撃戦等作戦実施ニ依ル
陸軍省ニ於ケル減ハ大臣交迭ニ因ル
ロ、使用実績細部附表第一乃至第四及別表ノ如シ

二、予算額ノ大要左ノ如シ

昭和十九年度繰越額	二八六万円
次官保管予備金	七〇〇万円
（南方面紅又前大臣返納等ノ分）	
小計	九八六万円
昭和二十年度予算決定額	四〇〇〇〇万円
総計	四〇九八六万円

附表第三

一般機密費（含防思想費及対（ ）費）配当計画（軍成関係）

部局	十八年度実績額	二十年度配当額	摘要
北部軍管区	一四五五〇〇〇	二五〇〇〇〇〇	配当基準十部[illegible]
東北軍管区	一〇〇〇〇〇〇	一七〇〇〇〇〇	[illegible]
東部軍管区	一五六八〇〇〇	二五〇〇〇〇〇	[illegible]
東海軍管区	一五〇〇〇〇〇	一〇〇〇〇〇〇	[illegible]
中部軍管区	一二四七〇〇〇	一〇〇〇〇〇〇	師管区司令部[illegible]
西部軍管区	一一七九〇〇〇	三三〇〇〇〇〇	[illegible]
台湾軍管区	一一〇八〇〇〇	五〇〇〇〇〇	[illegible]
第三十二軍	四九〇〇〇〇	台湾ニ含ム	[illegible]
小笠原兵団	二〇〇〇〇〇	一五〇〇〇〇	[illegible]
第三十六軍	五〇〇〇〇〇	一〇〇〇〇〇〇	[illegible]
朝鮮軍管区	七三〇〇〇〇	三〇〇〇〇〇〇	[illegible]司令部
防衛総司令部	三六〇〇〇〇		[illegible]
第一総軍		一〇〇〇〇〇〇	[illegible]
第二総軍		一〇〇〇〇〇〇	[illegible]
航空総軍		一〇〇〇〇〇〇	[illegible]
第一航空軍	七七八〇〇〇	一三〇〇〇〇〇	[illegible]
第六航空軍	二〇〇〇〇〇	一五〇〇〇〇〇	[illegible]
教導航空軍	一〇〇〇〇〇		[illegible]
船舶司令部	四五〇〇〇〇	一二〇〇〇〇〇	[illegible]
小計	一〇八五〇〇〇〇	一六九五五〇〇〇	
関東軍	三〇〇〇〇〇〇	三〇〇〇〇〇〇	前年度並
支那派遣軍	二四八七〇〇〇〇	二〇〇〇〇〇〇〇	
香港総督部	七五〇〇〇〇		派遣軍ニ配当ス
南方総軍	九九五〇〇〇〇	三〇〇〇〇〇〇〇	
第八方面軍	一五〇〇〇〇〇		十九年度ニ[illegible]
第三十一軍	五〇〇〇〇〇		保留ス
小計	五二六二四五〇〇	二二三二〇〇〇〇	
総計	五三二二五五〇〇	二三六一三五〇〇	

上／昭和二十年度機密費運用及配当計画、下／一般機密費配当計画

密費整理一覧表　( ) 軍事電番号

月日	番号	金額	月日	番号	金額	月日	番号	金額	月日	番号	金額	月日	番号	金額	月日	番号	金額	月日	番号	金額	計
9	陸亜密	円			円			円			円	19	陸亜密	円	20	陸亜密	円	20	亜密		円
												12.28	1.3054	430,000	2.9	1261	54,000	3.6	1989	10,000	2,538,000
									20 1.16	414	1,000,000	〃	〃	510,000				〃	1989	150,000	6,502,000
															〃	〃	5,000				13,000
																		20 3.6	1989	120,000	170,000
9 .29	(372) 9928	2,000,000										〃	(395) 〃	2,000,000							6,000,000
〃	(373) 〃	10,140,000										〃	(396) 〃	9,170,000	〃	(15) 〃	50,000				35,000,000 -1,000,000
〃	(374) 〃	25,000																			50,000
																					100,000
																					50,000
〃	(375) 〃	13,640,000	19 11.16	陸事密 (383) 11667	640,000	19 12.2	(386) 12229	2,340,000	19 12.9	陸亜密 (388) 12499	2,550,000	〃	(397) 〃	11,500,000	〃	(16) 〃	3,500,000				44,270,000 -1,000,000 4,527,000
															〃	(18) 〃	(ロ) 50,000				120,000
												〃	(398) 〃	20,000							50,000
																					20,000
																					15,000
																					10,000
																					1,500
												〃	軍事発 (108) 〃	20,000							20,000
												〃	〃	20,000							20,000
															〃	(17) 〃	190,000	〃			190,000
															〃	(19) 〃	10,000	20 3.6	1989	5,000	15,000
															〃	軍事発 (8) 〃	10,000				10,000
															〃	(20) 〃	2,000				2,000
															〃	〃	6,000				6,000
																					(イ) 15,340,962
																		20 3.6	1989	15,000	15,000
																		〃	1989	2,000	2,000
		25,805,000			640,000			2,340,000			3,550,000			23,680,000			3,877,000			202,000	(イ) 15,340,962 96,189,500

二十年度ニ繰越	219,016.26円
別ニ次官保管金	7,000,000
内閣立替	2,500,000
情報局立替	150,000
純繰越額	9,863,016.26円

昭和十九年度機

昭和十八年度ヨリ繰越	昭和十九年度経費交高	支付先	月日	番号	金額	月日	番号	金額	月日	番号	金額	月日	番号	金額	月日	番号	金額	月日	番号	金額
1,749,478,260	円 110,000,000	参謀次長	19 4.7	陸亜密 2771	円 1,634,000		陸亜密	円		陸亜密	円	19 7.2	陸亜密 6059	円 410,000	19 7.25	陸亜密	円		陸亜密	
		陸軍次官	19 4.11	〃 2933	32,000	19 5.8	〃 3866	250,000	19 5.29	〃 4592	1,000,000	〃 〃	〃	3,000,000	〃	〃 7086	60,000	19 8.31	8709	500,0
		多摩陸軍技術研究所長	19 5.2	〃 3656	8,000															
		船舶参謀長										〃	(347) 〃	50,000						
		関東軍総参謀長										〃	(342) 〃	2,000,000						
		支那派遣軍総参謀長										〃	(343) 〃	14,640,000	〃	(352) 〃	1,000,000			
		香港占領地総督部参謀長										〃	(344) 〃	25,000						
		第八方面軍参謀長										6.30	(346) 〃	(ロ) 100,000						
		第三十一軍参謀長										6.30	(345) 〃	(ロ) 50,000						
		南方軍総参謀長										19 7.20	(350) 6786	6,150,000	〃	(353) 〃	940,000	19 8.26	(361) 8477	3,000,0
		第三十二軍参謀長													〃	(351) 〃	70,000			
		第三十六軍参謀長													〃	軍事発 (66) 〃	30,000			
		小笠原兵団参謀長													6.30	(354) 〃	(ロ) 20,000			
		燃料本部長																19 8.31	8709	15,
		教導航空軍参謀副長																〃	〃	10,
		教育総監部本部長																〃	〃	1,
		第六航空軍参謀長																		
		兵器行政本部総務部長																		
		台湾軍管区参謀長																		
		東海軍管区参謀長																		
		東北軍管区参謀長																		
		新潟陸軍運送統制部長																		
		陸軍糧秣本廠長																		
		前渡資金流用ノ分担替			(イ) 15,340,962															
		第一航空軍参謀長																		
		大阪陸軍輸送統制部長																		
1,749,478,260	110,000,000	計			(イ) 15,340,962 1,674,000			250,000			1,000,000			26,425,000			2,120,000			3,526,

備考
(イ) 大東亜戦頭初前渡資金ヨリ繰替使用シタル機密費ノ組替額ヲ示ス
(ロ) 前渡資金ヨリ流用シタル額ニシテ組替ヲ了シタルモノトシテ計上ス
(ハ) 計欄支那派遣軍、南方軍ニ於テ百万円ヲ増減シタルハ陸亜密電2219号ニ依リ比率貸ヲ支那派遣軍ニ交付ノ分トス
参考 18年度残額ハ31,570,478円26ニシテ19年度第一期分配当分 29,821,000ヲ18年度中ニ整理セルモノトス

あとがき

私は、本書において、日露の明石大佐の対露後方撹乱から、今次、大戦におけるもっとも重要で、大きな謀略機密工作についてかいておいた。

また、スパイ養成学校として、スパイのメッカといわれ、今やかくれもない「陸軍中野学校」について、また、秘密戦になくてはならない科学資材の研究、薬品用具の研究制作に重要な役割を果してきた「陸軍登戸研究所」の全貌に各一章を費やしておいたのである。

この著は昭和四十六年の「日本大謀略戦史」に新たに終章を書き加え、改訂補足したものである。

例えば「対伯工作」についていえば刊行後、当時現地（第一軍司令部）において工作に参画していた笹井大佐からの書簡により、一、二ヵ所訂正を加えたり、また、昨年、北支方面軍参謀として、当時、この裏方（?）で活躍した山崎中佐から、当時の日誌が送られてきたので、相当長文のものではあるが、方面軍司令部側から支援した対伯工作の事実を知るため、全文を対伯工作の末尾に付加し、完全を期したのである。

　巻末に付した付表は旧友稲葉正夫氏（今は故人）からもらったものである。

　稲葉中佐は、例の終戦時、クーデターの椎崎中佐、畑中少佐らの同志でもあり、また、阿南陸軍大臣最後の訓示「……又、何をか言わん断呼神州護持の聖戦を戦い抜かんのみ、仮令、草を喰み土を噛り野に伏すとも断じて戦うところ死中自ら活あることを信ず……」の執筆者でもあった。

　大本営参謀として、大陸軍の予算担当者であった。八月十五日、終戦と同時に、省・部の重要な、あらゆる機密書類はすべて焼却されたのであった。とくに陸軍の機密費の如き、第一に、もっとも完璧に秘密の墓に葬り去られるべき運命のものであった。

　だが、昭和十九年度の謀略機密費の貴重なる原本十数葉は、稲葉氏が自宅に持ち帰った他の書類にまじっていたのである。

　この中には、折り込みの如き、全軍幕僚長が握っていた機密費など、南方軍総参謀長は幾許、関東軍総参謀長の機密費はいくらかと、読者も一驚されるであろう。読者もさることながら、旧軍の将校たちにとって驚くべき資料であるような気がする。今の金に換算して比較して読まれるならますます興味深いところと信ずる。

　著者は、（経済の専門家）秀英書房社長森道男氏に、この時代の一万円を、昭和五十五年春の価値に換算してもらったところ金四千万円位という回答を得たことを付記しておくので、これを、この表の数字と換算しながら読んで頂けばより深い興味が得られることと信ずる。
終わりに、左記の資料を参考にさせて頂いたことを付記し、ここに深く謝意を表する次第である。

参考文献＊飯田祥二郎「戦陣夜話」＊沢本理吉郎「白馬の雷帝ビルマを行く」＊岩畔豪雄「岩畔機関始末記」＊松井満「ビルマ独立運動と南機関」＊稲葉正夫「謀略資材製造工場」＊明石元二郎大将遺穂「落花流水」＊藤原岩市「藤原（F）機関」＊今井武夫「対華和平工作史」＊影佐禎昭「影佐機関秘録」＊田村真作「繆斌工作」＊野村正男「対重慶単独講和の夢」＊服部卓四郎「大東亜戦争全史」（全八巻）＊今井武夫「かくて汪兆銘出現す」＊中村正吾「永田町一番地」＊ジョイス・C・レブラ著／堀江芳孝訳「チャンドラ・ボースと日本」＊稲葉正夫編「岡村寧次大将資料」＊日本近代史料研究会「日本陸海軍の制度・組織・人事」＊川俣雄人「日本スパイの殿堂・中野学校の謎」＊笹井寛一（自筆原稿）「対伯工作報告書」＊高木威「政治工作の根性教育」＊防衛庁戦史室著「北支の治安戦」＊楳本捨三著「東條英機その昭和史」＊楳本捨三著「最後の陸軍」＊楳本捨三著「全滅の思想」＊公田連太郎訳大場彌平講「兵法全集」（全七巻）＊山崎重三郎筆「戦陣日誌」

単行本　昭和五十五年八月　秀英書房刊

NF文庫

日本の謀略　新装版

二〇二三年一月二十一日　第一刷発行

著　者　楪本捨三

発行者　皆川豪志

発行所　株式会社　潮書房光人新社

〒100-8077　東京都千代田区大手町一-七-二

電話／〇三-六二八一-九八九一(代)

印刷・製本　凸版印刷株式会社

定価はカバーに表示してあります

乱丁・落丁のものはお取りかえ致します。本文は中性紙を使用

ISBN978-4-7698-3296-6　C0195

http://www.kojinsha.co.jp

NF文庫

刊行のことば

第二次世界大戦の戦火が熄んで五〇年——その間、小社は夥しい数の戦争の記録を渉猟し、発掘し、常に公正なる立場を貫いて書誌とし、大方の絶讃を博して今日に及ぶが、その源は、散華された世代への熱き思い入れであり、同時に、その記録を誌して平和の礎とし、後世に伝えんとするにある。

小社の出版物は、戦記、伝記、文学、エッセイ、写真集、その他、すでに一、〇〇〇点を越え、加えて戦後五〇年になんなんとするを契機として、「光人社NF（ノンフィクション）文庫」を創刊して、読者諸賢の熱烈要望におこたえする次第である。人生のバイブルとして、心弱きときの活性の糧として、散華の世代からの感動の肉声に、あなたもぜひ、耳を傾けて下さい。

＊潮書房光人新社が贈る勇気と感動を伝える人生のバイブル＊

ＮＦ文庫

「月光」夜戦の闘い　横須賀航空隊vsＢ－29

黒鳥四朗 著
渡辺洋二 編

昭和二十年五月二十五日夜首都上空…夜戦「月光」が単機、Ｂ－29を五機撃墜。空前絶後の戦果をあげた若き搭乗員の戦いを描く。

英霊の絶叫　玉砕島アンガウル戦記

舩坂　弘

二十倍にも上る圧倒的な米軍との戦いを描き、南海の孤島に斃れた千百余名の戦友たちの声なき叫びを伝えるノンフィクション。

日本陸軍の火砲 高射砲　日本の陸戦兵器徹底研究

佐山二郎

大正元年の高角三七ミリ砲から、太平洋戦争末期、本土の空を守った五式一五センチ高射砲まで日本陸軍の高射砲発達史を綴る。

戦場における成功作戦の研究

三野正洋

戦いの場において、さまざまな状況から生み出され、勝利に導いた思いもよらぬ戦術や大胆に運用された兵器を紹介、解説する。

海軍カレー物語　その歴史とレシピ

高森直史

「海軍がカレーのルーツ」「海軍では週末にカレーを食べていた」は真実なのか。海軍料理研究の第一人者がつづる軽妙エッセイ。

小銃 拳銃 機関銃入門　日本の小火器徹底研究

佐山二郎

銃砲伝来に始まる日本の〝軍用銃〟の発達と歴史、その使用法、要目にいたるまで、激動の時代の主役となった兵器を網羅する。